BERLIN

일러두기

1. 외국어 표기는 외래어표기법에 따랐으며, 표기법과 다르게 표기된 외래어는 관용을 따랐다.
2. 여러 곡이나 악장을 모은 악곡명 및 장편소설, 희곡, 시집 등을 포함한 단행본은 『 』로 표기했다.
3. 악곡의 부제, 단악장으로 이루어진 곡, 노래 제목, 그림 및 조각명, 영화 제목은 「 」로 표기했다.
4. 논문, 중단편소설, 시, 잡지, 단행본 속의 소제목, 기타 독립된 짧은 글의 제목 역시 「 」로 표기했다.

풍월당 문화 예술 여행 05
BERLIN

베를린

무너진 장벽 위에서 태어난 유럽의 새로운 중심

박종호

PUNG WOL DANG

이제 유럽 여행은 우리에게도 흔한 일이 되었다. 그런데 간혹 유럽까지 가서 여전히 이름난 장소에서 사진을 찍고 명품 숍만 기웃거리는 사람들을 볼 때면 안타깝기 짝이 없다. 유럽은 모두가 알고 있듯이 문화와 예술이 가장 발달한 보고寶庫다. 그런 만큼 유럽 여행의 정수는 문화의 뿌리를 알고 예술을 누려 보는 데 있다고 생각한다. 그것은 행위 자체로 더할 나위 없는 즐거움이기도 하며, 그런 여행은 여행에서 돌아온 뒤의 생활을 보다 풍요롭고 가치 있게 바꾸어 줄 수 있다.

국내에 많은 여행안내서가 나와 있지만, 대부분 일회적 감상 위주거나 반대로 단순 가이드북 수준이다. 간혹 전문 예술 분야 안내서가 있긴 하지만 미술이나 건축 아니면 음식 같은 특정 분야에 한정되어 있는 것이 대부분이다. 하지만 도시에서 미술 작품만 감상하거나 음식만 먹으며 다닐 수는 없다. 우리는 유서 깊은 문화를 담고 있는 장소나 카페 그리고 현지에서의 수준 높은 공연도 원한다.

이 책은 그런 문화와 예술에 관한 본격 여행 안내서다. 이것은 문화와 예술을 찾아서 한 시기에 유럽을 편력했고 지금도 그러고 있는 저자가 두 발로 쓴 책이다. 이 책이 여행에 대한 범위와 깊이를 더해 주기를 소망하면서 세상에 내놓는다.

차례

프리드리히 슈트라세 남쪽 지역

포츠담

부록

덴마크
북해
영국
네덜란드
베를린
런던
독일
벨기에
프랑크푸르트
파리
뮌헨
스위스
프랑스
이탈리아
로마
바르셀로나
마드리드
스페인
알제리
튀니지

발트해
러시아
벨로루시
폴란드
우크라이나
슬로바키아
헝가리
몰도바
루마니아
스니아
체고비나
세르비아
흑해
몬테네그로
코소보
불가리아
마케도니아
알바니아
그리스
터키
지중해

예술의 도시

이제 일어서는 새로운 유럽의 수도

유럽의 대도시라면 우리는 보통 파리나 런던 아니면 로마 같은 곳을 떠올린다. 그런데 실제로 유럽에서 가장 큰 도시는 어디일까? 아시아에 비해서 인구가 적은 유럽에서 인구만으로 큰 도시를 꼽는다면 모스크바지만, 그곳을 순수하게 유럽이라고 말하기는 곤란하다. 다음으로는 런던인데, 역시 엄밀히 말해서 유럽 대륙 안에 있는 도시는 아니다. 그렇다면? 순수하게 유럽 대륙만 따졌을 때 가장 큰 도시는 베를린이다.

베를린은 유럽 대륙에서 인구가 가장 많아서 400만 명에 육박하며, 면적도 유럽에서 가장 넓어 서울의 1.5배에 달한다. 특히 독일은 유럽 연합의 리더로서 정치적으로나 경제적으로나 유럽의 주도권을 쥐고 있는 나라다. 그러니 그 수도인 베를린이 유럽의 중심지 역할을 하고 있으리라는 점은 충분히 상상할 수 있다.

하지만 그럼에도 불구하고 베를린에 간다는 게 우리에게는 썩 익숙하지 않다. 인천 공항에 가더라도 행선지가 적힌 전광판에서 베를린이라는 글씨는 찾아볼 수 없다. 우리나라에서 베를린으로 가는 직항편이 없기 때문이다. 인천에서 뜨는 독일행 비행기는 베를린이 아니라 프랑크푸르트로 가며, 최근에 뮌헨으로 가는 노선이 더해졌다. 즉 유럽 최대의 도시라는 베를린에 가기 위해서는 마치 유럽의 소도시에 가듯이 경유 공항을 거쳐야 하는 것이다. 또한 대부분의 유럽 여행상품에도 베를린은 빠져 있다. 서유럽 상품에도 없으니 서유럽 여행에서도 빠지고, 동유럽 상품에도 없으니 동유럽에 갈 때도 제외된다. 그렇다고 북유럽 상품에 들어있는 것도 아니다. 그래서 베를린에 가는 것은 여전히 쉽지 않은 일처럼 느껴진다. 일부러 찾지 않고는 생각보다 쉽게 다다를 수 없는 곳이다.

실제로 베를린은 유럽의 중심부라고 할 수 있는 다른 주요 도시들, 즉 런던, 파리, 로마 혹은 브뤼셀, 취리히 혹은 암스테르담 같은 곳들과는 달리, 유럽 동북쪽의 저 위에 홀로 뚝 떨어져서 위치한다. 그런 베를린이 우리에게 다가오기 시작한 지는 얼마 되지 않는다. 사실상 독일 통일 이후에야 시작된 일이니, 불과 30년 밖에 되지 않았다. 한국 사람들은 냉전 시대에는 동서로 분단된 베를린에 간다는 것조차 꺼렸고, 독일이 통일된 이후에야 여행지로서 베를린을 찾기 시작했다.

과거에서 현재까지 베를린의 변천

베를린은 한때는 유럽의 변방이었다. 도시의 모습을 갖추기 시작한 것은 1400년부터로, 브란덴부르크 지방의 중심 도시로 발전했다. 당시 베를린은 브란덴부르크 변방백작邊方伯爵이었던 호엔촐레른 가문이 다스렸는데, 이 가문은 1539년에 개신교로 개종했다. 1598년에는 포츠담 칙령으로 네덜란드나 프랑스 등지에서 추방된 개신교도인 위그노 교

도를 받아들이면서 개신교가 지역 발전의 중심에 섰다. 지금 베를린에서 만날 수 있는 대부분의 교회들은 개신교 교회이며, 지금도 개신교도가 훨씬 많은 도시다.

1701년에 브란덴부르크 공국은 프로이센 왕국이 되었다. 호엔촐레른 가문의 프리드리히 1세는 프로이센의 왕이 되고 베를린은 왕국의 수도가 된 것이다. 이후 프로이센이 강성해지면서 베를린은 비약적으로 발전했다. 지금 우리가 베를린에서 볼 수 있는 많은 건물들이 이 시기부터 세워졌다. 프로이센은 당시 범독일권의 맹주였던 오스트리아와의 7주 전쟁에서 승리하여, 독일은 프로이센을 중심으로 통일을 이루었다. 1871년에는 독일 제국Deutsches Kaiserreich이 수립되면서 베를린은 제국의 수도가 되었다. 이후 제국은 다른 열강들과 겨루기 위해서 뒤늦게 식민지 확충에 뛰어들었고, 이것이 제1차 세계대전으로 이어졌다. 결국 1차 대전에서 패전하면서 제국은 붕괴되고, 1919년에 바이마르 공화국이 세워졌다. 공화국은 전후 복구에 전력을 다했지만 경제공황이 닥치면서 흔들렸고, 사회적 혼란 속에서 나치가 집권하게 되었다. 당시 베를린의 인구는 지금보다 많은 430만 명을 넘어서기도 했다.

제2차 세계대전에서 패망한 독일은 독일연방공화국(서독)과 독일민주공화국(동독)으로 나누어졌다. 수도 베를린도 전승 4개국에 의해서 분할되어서 미국, 영국, 프랑스의 관할인 서베를린과 소련이 통제하는 동베를린으로 나뉘어졌다. 1961년부터 두 베를린은 교류가 불가능해지면서 완전히 분리되었다. 그 후 동베를린은 동독의 경제적 퇴보와 함께 낙후되어 갔으며, 이와 반대로 경제적으로는 성장했던 서베를린은 동독 지역으로 둘러싸인 외로운 섬 같은 도시가 되었다. 이후 서독의 수도가 본으로 옮겨지고 서베를린에 있던 많은 기업체들도 뮌헨이나 프랑크푸르트 등지로 옮겨가면서 베를린의 발전은 저해되었다.

1990년에 독일이 통일된 이후에야 베를린은 다시 하나의 도시가 되었고, 독일 수도의 지위도 되찾았다. 그렇게 최근에야 베를린은 새롭게 발전하기 시작했다. 오랜 역사를 가진 도시지만 현대에 이르러서의 발전 기간은 아직 짧은 셈이다. 그래서 그들은 베를린의 분단 시절을 '잃어버린 40년'이라고 부른다. 하지만 통일 이후 30년 동안 독일 정부는 강력한 경제력을 베를린에 집중시켰고, 이를 통해 가장 발전되었으면서도 과거와 현재가 잘 섞인 도시를 만들었다. 그리하여 베를린은 구대륙이라고 부르는 유럽 대륙에서는 드물게 개발과 건설로 가득한 현장이 되었고, 그 결과 지금 베를린은 현대건축의 전시장이라고 불릴 만큼 다양한 건물들을 볼 수 있는 도시가 되었다. 실제로 한 도시에서 이렇게 많은 현대건축가들의 작품들을 볼 수 있는 곳은 세계적으로도 흔치 않다. 이제 베를린은 도시 자체가 새로운 문화적 작품이 되어가고 있다.

내가 어렸을 때는 베를린을 '백림伯林'이라고 불렀다. 베를린을 음역한 한자어였는데, 우리도 분단국가였기 때문에 국가도 아닌 도시가 동서로 나뉜 베를린은 유독 가깝게 느껴지기도 했다. 인상적이면서도 안쓰러웠다. 특히 당시 언론에 크게 나왔던 이른바 '동베를린 사건'으로 인해 이 도시의 이름은 어린 나의 뇌리에 남았다. 당시에는 '동백림東伯林 사건'이라고 불렀는데, 특히 많은 예술가들이 연루된 사건이어서 인상적이었다. 간첩 사건의 진위와는 상관없이 동베를린이 북한의 유럽 지역 정치 전략기지라는 것이 사람들에게 알려지기도 했다. 그 후로 베를린이라는 지명은 분단과 냉전의 현장으로서 이런저런 글이나 문학이나 영화에 자주 등장했다.

하지만 그 시절 유럽의 한구석에 실재하는 베를린이라는 도시는 나로서는 갈 수 없는, 그럴 엄두조차 내지 못하는 아련한 나라였다. 어딘가 무섭고 비현실적이며 그러면서도 예술적이고 철학적인, 묘하게 나를 유혹하는, 어렵고도 무거운 도시. 무언가 있을 것 같으면서도 갈 수 없었던 그곳.

동베를린(동백림) 사건

1967년에 중앙정보부에서 발표했던, 당시의 서독에서 발생했던 대규모 간첩단 사건이다. 서독의 우리 교민과 유학생들 중 194명이 북한에 포섭되어 노동당에 입당하고 간첩 활동을 했다는 것이 사건의 요지다. 혐의자들은 서울로 압송되어 심문 끝에 재판에 회부되었으며, 사형 2명을 포함하여 34명이 유죄 판결을 받았다. 그중에는 작곡가 윤이상, 화가 이응노, 시인 천상병, 문학가 천병희 등 예술가를 포함한 유명 인사들이 포함되었다. 윤이상은 징역 10년형을 받았지만, 마지막까지 간첩죄가 확인된 사람은 한 명도 없었다. 결국 1970년 광복절을 기하여 모두 석방되었다.

이 사건으로 베를린이 우리에게 크게 알려졌다. 이후에 진상이 알려졌는데, 3선 개헌에 이어 부정 선거를 저지른 박정희 정부에서 국민의 관심을 외부로 돌리기 위해서 만들어낸 사건이라는 것이었다(결과적으로 부정선거에 대한 관심이 식은 것은 사실이었다). 사건 당시 우리 정부가 해외 교민을 국내로 강제 구인했다는 이유로 서독 및 프랑스 정부와 우리 정부 사이에 외교적 마찰이 일어났으며, 당국의 불법 연행이나 고문 등이 알려지면서 우리나라가 후진국이자 독재 국가로 여겨지는 계기도 되었다.

후일담도 있다. 당시 사건을 조작한 책임자 중 한 명이 당시 주 서독 대사였던 최덕신인데, 그는 나중에 정부로부터 내쳐지자 반감을 가지고 월북했다. 그는 북한으로 간 남한 최고위 인사 중 한 명으로서 높은 대우를 받다가 사망했다.

새로운 예술의 도시

우리는 어떤 도시를 가리켜서 '예술의 도시'라는 말을 종종 사용한다. 그런 말에 해당하는 도시들로는 파리나 런던 같은 곳들이 떠오른다. 하지만 예술은 문명 속에 있고 대부분의 문명은 도시에서 피어나니, 결국 '좋은 도시'는 대부분 예술의 도시일 수밖에 없다. 즉 풍성하고 다양하게 발전한 도시가 예술의 도시가 되는 것이다.

시민계급이 형성된 이후로 예술의 주도권은 궁정의 성벽을 넘어서 도시의 한복판으로 들어왔다. 그 후로 도시의 품격은 물론이고 도시의 기능과 규모 역시 예술과 밀접한 관계를 맺어왔다. 그러니 사실 그 나라에서 예술적으로 가장 뛰어난 도시란 곧 최대의 도시일 수밖에 없다. 런던, 파리, 로마, 빈, 뉴욕, 도쿄 등이 다 그러하지 않은가? 물론 큰 도시는 아니더라도 유달리 예술의 비중이 강하고 예술에 의존하는 도시들도 있지만 말이다.

그중에서도 지금 세계가 새로운 예술의 도시로 크게 주목하는 곳은 베를린이다. 베를린은 이미 전통적인 예술의 도시로 알려져 있지만, 특히 최근에는 젊은 예술가들이 세계의 도처에서 모여들고 있다. 과거에 뉴욕이나 런던에서 일어났던 것과 흡사하다. 이제 집세와 물가가 과도하게 상승한 뉴욕의 소호나 런던의 소호 지역은 더 이상 무명 예술가들이 작업할 수 있는 환경이 아니다. 그런 예술가들이 대안으로 찾아낸 곳이 베를린이다.

현재의 베를린은 1990년에 동서 베를린이 통일되면서 형성되었다. 당시에 동베를린의 적지 않은 주민들이 살기 좋다는 과거 서독 지역으로 옮겨갔고, 동베를린 지역에는 아파트나 주택을 비롯해 빈 건물들이 즐비하게 생겼다. 세계에서 몰려온 젊은 예술가들이 그 빈집들을 점령했다. 무명 예술가들은 값싼 동베를린 지역에 터를 잡고 작업을 한 뒤, 경제력과 안목을 모두 갖춘 서베를린 지역에 예술 생산품을 팔 수 있었다. 서베를린의 화려하고 세련된 예술 소비시장에 동베를린 지역의 예술 생산기지가 수혈된 셈이었다.

이렇게 생산자와 소비자가 한 지역에 완벽하게 공존하는 형태는 드물다. 베를린은 음악, 연극, 문학, 출판, 오페라, 무용, 미술, 건축, 디자인, 공예, 사진, 영화 등 대부분의 예술 분야에서 세계 정상의 수준에 있다. 대도시라고 해도 모두가 다 이 정도의 수준에 다다르지는 못한다. 통일 이후 베를린은 '제2의 뉴욕'이라고 불렸는데, 이 별명은 지금도 유효하며 앞으로는 그보다 더욱 발전할 가능성이 매우 높다. 이렇듯 신선하면서도 뜨거운 베를린의 예술 현장을 이제부터 여러분들에게 알려드리려고 한다.

철의 나라 프로이센, 겸손과 검소의 도시 베를린

철십자 훈장

독일을 다룬 영화를 보면 '철십자鐵十字 훈장'이라는 말이 자주 나온다. 전쟁에서 무공을 세운 독일 영웅들은 철십자 훈장을 받으며, 나치의 독일군도 가슴에 철십자를 달고 있다. 그런데 대체 금도 은도 아니고 고작 철로 된 십자가를 상으로 준단 말인가?

철십자 훈장은 프로이센 왕국 시절부터 수여된 유서 깊은 것이다. 유럽에서 수천 년 동안 권력과 부귀의 상징은 금은과 보석이었다. 그런데 유독 프로이센만은 철鐵을 소중히 여기는 전통이 있었다. 금은과 보석은 부귀를 상징하지만, 철은 애국심을 상징했기 때문이다. 반짝이지 않고 귀하지도 않지만, 프로이센은 적을 무찌르고 나라를 지킬 수 있는 철을 소중하게 받들었다. 여자들도 금은이 아닌 철목걸이 등 철로 된 장신구를 애용했을 정도였다.

흔히 프로이센의 정치가 비스마르크를 '철의 재상宰相'이라고 부르는데, 이는 그 개인의 강인함만이 아니라 프로이센의 문화를 표현하는 것이기도 하다. 프로이센에서 철은 조국에 대한 헌신이다. 그들은 철 아래 뭉쳐서 외세를 무찌르고 조국을 지켜왔다. 철십자 훈장은 유럽 최초로 기사나 장교뿐만 아니라 말단 병사까지 모든 계층에 동등하게 수여된 훈장이었다. 특권층의 전유물이 아니라 누구나 누릴 수 있는 금속, 이 역시 철의 정신에 속한다. 지금 우리가 알고 있는 모양의 철십자 훈장은 나폴레옹과 전쟁을 할 때에 만들어진 것이다. 무쇠로 단순하게 만

들어진 검은 몰타 십자가(상하좌우의 길이가 같은)에 은으로 살짝 테두리를 둘러친 것이 유일한 멋 내기였다.

또한 철은 검소함의 상징이었다. 독일인이 가장 중요하게 생각하는 미덕은 겸손이다. 그리고 겸손은 검소로 이어진다. 겸손과 검소 그리고 거기서부터 이어지는 절제와 헌신의 문화, 이는 우리가 베를린을 여행할 때 알고 있어야 하는 것이다.

베를린 사람들은 화려한 옷을 좋아하지 않는다. 그들은 거의 무채색의 옷을 입는다. 그들은 짙은 색이나 무채색 계열의 옷을 입는 것을 겸손과 검소라고 생각하며, 화려한 색상이나 유명한 브랜드나 값진 보석으로 치장한 사람에게 고개 숙이지 않는다. 존경은커녕 뒤에서 손가락질하고 있을지 모른다. "베를린 사람이 가지고 있는 원색의 옷은 두 가지뿐인데, 바로 스키복과 수영복이다"라는 말이 있을 정도다. 베를린 국립 오페라극장에 가보면 단박에 알 수 있다. 턱시도를 입은 사람은 거의 없다. 해지고 무릎이 나온 코르덴 바지를 입은 신사가 진지하게 공연에 몰두한다. 누구도 남의 옷이나 자신의 옷에 신경 쓰지 않는다. 그들은 공연의 본질만을 추구한다. 베를리너(베를린 사람)들의 검소한 옷차림은 멋 내기 좋아하는 뮌헨과는 많이 다르다. 같은 독일이지만, 프로이센과 바이에른의 기질 차이일 것이다.

베를린을 여행하기

베를린을 여행지로 삼는다는 것은 베를린에 집중한다는 것과 같은 말이다. 왜냐하면 베를린 주변에는 들를 만한 작은 도시들이 별로 없기

때문이다. 그래서 북부 이탈리아나 남부 프랑스처럼 자동차나 기차로 이동하면서 여러 소도시들을 즐기는 재미를 찾기는 어렵다. 독일은 한때 300여 개의 국가와 도시들이 자치권을 가지고 난립했던 나라였던 만큼, 작고 매력적인 소도시들도 많다. 하지만 베를린 근처에는 유독 그런 소도시들이 별로 없다.

대신 베를린은 유럽의 서울이며 유럽의 뉴욕이다. 모든 것이 이 도시 속에 있다. 당신이 원하는 문화나 예술이 어떤 분야이건, 당신은 베를린에서 모두 최고를 만날 수 있다. 그래서 만약 어떤 분이 베를린에서 사흘을 보내고 이틀 정도 시간을 내어 주변을 가려고 한다면 극구 말리고 싶다. 그 5일을 모두 베를린에, 아니 일주일이나 열흘을 모두 베를린에 투자하더라도 결국 시간이 모자랄 것이다. 그러니 여기서는 꼭 겉핥기를 하지 말고 하나하나 꼼꼼히 살펴보시기를 권한다.

베를린 도심을 여행할 때 가장 중요한 지역은 브란덴부르크 문이 서 있는 파리 광장에서부터 동편으로 뻗은 도로인 운터 덴 린덴 부근이다. 충분히 걸어서 다닐 수 있으며, 주변에는 역사적인 명소와 박물관과 극장들이 늘어서 있다. 운터 덴 린덴이 끝나면 다음은 박물관 섬으로 이어진다. 섬 하나가 세계적인 박물관으로 가득 차 있다. 이 섬을 건너가면 알렉산더 광장이다. 이 광장과 주변은 과거 동베를린 시절의 중심지였다. 이상이 베를린의 첫 번째 방문 지역이 되어야 할 것이다.

다음으로는 운터 덴 린덴의 중간 정도에서 이 길과 수직으로 교차하는 길인 프리드리히 슈트라세다. 이 길을 따라 좌우로 새어나가도 중요한 장소들을 만나게 된다. 프리드리히 슈트라세의 북쪽으로 가면 프리드리히 슈트라세역과 베를린 앙상블 등을 만나며, 남쪽으로는 찰리 검문소와 유대인 박물관까지 갈 수 있다. 이상이 과거 동베를린 지역 여행의 핵심이다.

서베를린 지역에도 박물관 섬과 흡사한 문화 지역이 있다. 바로 쿨투르포룸이다. 여러 박물관과 공연장 등이 여기에 모여 있다. 여기서 더 서쪽으로 가면 인상적인 건물인 카이저 빌헬름 기념 교회가 랜드마크로 자리 잡은 지역이 나온다. 이 부근이 과거 서베를린의 중심가다. 화려한 쇼핑가인 쿠담 거리뿐 아니라 그 뒤편에 산재한 골목 안에는 보석 같은 장소들이 많다.

베를린에서는 걸음걸이의 속도를 조금 더 느리게 하면 어떨까? 미술관 두 곳을 볼 시간에 한 곳을 보고, 두 작품을 볼 시간에 하나만 보면 어떨까? 건물 한 채, 그림 하나도 천천히 본다면 더욱 깊이 느낄 수 있을 것이다. 베를린은 특히 그 진가眞價가 쉽게 보이는 도시가 아니기 때문이다. 기왕이면 건물이나 박물관뿐만 아니라 콘서트나 오페라도 한 편 보면 더 좋겠다. 공연 자체도 인상적이겠지만, 그 문화 현장에 뛰어들어서 참여해보기를 권하는 것이다. 그래야 그들의 진정한 모습과 정신이 보인다. 베를린은 다른 유럽 도시와 같은 고상한 박제剝製시장이 아니다. 이곳은 살아서 맥박이 힘차게 뛰는 생물들로 가득한 수산水産시장이다.

그렇게 베를린을 다닌다면 하나하나를 더 깊이 느낄 수 있고, 그 깊이에서 느끼는 만족감은 양으로 채운 것보다 훨씬 흡족할 것이다. 베를린은 한 번에 다 보지 못하더라도 천천히 깊게 보아야 하는 곳이다. 이 도시는 "이번에 기필코 다 보리라"는 초조함보다는 "언젠가는 다시 오리라"는 막연한 소망이 더 어울리는 곳이다.

겸손과 검소를 미덕으로 삼는 프로이센의 도시 베를린은 화려하지 않다. 독일에서 화려함으로 치면 뮌헨이나 함부르크가 앞설지도 모른다. 파리나 런던에서 누렸던 화려한 치장을 베를린에서도 추구한다면 실망할 수도 있다. 하지만 베를린은 겉보다는 속, 양보다는 질, 멋보다는 가치, 화려함보다는 진지함을 미덕으로 추구해온 도시다. 그들의 오랜 고난의 역사와 성실한 기질이 그런 문화를 만들었다.

때로는 파리보다 촌스럽고 런던보다 단순할지 모르지만, 다른 잣대로 본다면 당신 앞에 놓인 베를린은 세계에서 가장 좋은 것들을 보여줄 것이다. 지금 유럽을 리드하고, 앞으로도 유럽 대륙을 이끌어갈 독일이라는 강력한 국가가 이뤄낸 최고의 성과들이 당신의 눈앞에 놓여 있다고 생각해주길 바란다.

100번 버스와 200번 버스

베를린에는 많은 지하철과 지상철(트램) 그리고 버스 노선이 연계되어 있지만, 사실 여행자에게는 환승이 쉬운 일이 아니다. 그래서 아주 편리한 버스 노선을 소개한다. 주요 지역을 지나는 100번과 200번이다. 이 두 노선만 잘 이용해도 어지간한 명소는 다 다닐 수 있다. 베를린의 모든 교통 티켓은 2시간 내에 어떤 수단으로나 갈아탈 수도 있다.

100번 **초(동물원) – 카이저 빌헬름 교회(쿠담 거리, 사비니 광장) – 지게스초일레(티어가르텐) – 연방의사당 – 운터 덴 린덴(프리드리히 슈트라세, 젠다르멘 마르크트 광장) – 베를린 돔(박물관 섬) – 알렉산더 광장(아우구스트 슈트라세)**

200번 **초 – 카이저 빌헬름 교회 – 필하모니(쿨투르포룸) – 포츠담 광장 – 운터 덴 린덴 – 베를린 돔 – 알렉산더 광장**

베를린에 가기 전에 봐두면 좋은 10편의 영화

영화

베를린 천사의 시 Der Himmel Ueber Berlin

빔 벤더스 감독의 걸작이다. 천사가 세상에 와서 지치고 고통받는 인간군상을 만난다. 분단시대의 베를린을 잘 볼 수 있다. 특히 파괴된 포츠담 광장의 모습이 인상적이다. (238쪽)

캬바레Cabaret

브로드웨이의 히트 뮤지컬을 영화로 만들었다. 나치 시대인 1930년대 베를린의 카바레를 배경으로 해서 전쟁 전의 베를린을 알기에 아주 좋은 영화다.

타인의 삶 Das Leben der Anderen

국민의 25퍼센트를 사찰하던 공산주의 동독을 보여주는 명작이다. 영화 전체를 동베를린에서 촬영했는데, 특히 마지막 장면에 카를 마르크스 서점이 나온다. (144쪽)

굿바이 레닌 Good bye, Lenin!

베를린 장벽이 무너질 때를 배경으로 동베를린의 한 평범한 가정이 어떻게 변화하는가를 보여준다. 코믹한 터치지만 지금은 잘 알 수 없는 분단 시절 베를린의 상황을 잘 볼 수 있다. (130쪽)

스파이 브릿지 Bridge of Spies

포츠담의 글리니커 다리에서 있었던 포로 교환을 다룬 스티븐 스필버그 감독의 첩보영화다. 실화를 바탕으로 당시 냉전 시대의 동서 진영의 갈등을 잘 담아냈다. (353쪽)

돈 겟 아웃 Seig. Nicht. Aus!

아이들을 차에 태우고 운전하던 남자에게 전화가 걸려오는데, 폭탄이 설치되었으니 계속 달리라는 것이다. 배경으로 베를린의 최신 도심이 펼쳐진다. 협상 장소가 젠다르멘 마르크트 광장이다.

사랑 후에 남겨진 것들 Cherry Blossoms - Hanami

도리스 되리의 명작이다. 평생 공무원으로 일한 남자가 불치병 진단을 받자, 베를린으로 여행을 떠난다. 후반부에 일본으로 떠나기 전까지 베를린의 모습이 잘 그려져 있다.

작전명 발키리 Valkyrie

독일 내부에도 히틀러를 제거하려는 시도가 많았음을 보여주는 영화로, 실제 암살 시도를 다루었다. 그 실화의 기록이 독일 저항 기념관에 있다. (263쪽)

커피 인 베를린A Coffee in Berlin, Oh Boy

2012년에 만든 감독의 자전적 흑백 영화다. 방황하는 현대 독일 청년의 모습을 베를린을 배경으로 씁쓸하고 코믹하게 그린다.

베를린

류승완 감독의 첩보영화로 한석규, 하정우 등이 나온다. 프리드리히 슈트라세역을 비롯한 베를린의 여러 장소가 등장하여, 냉전 시대 첩보전의 무대였던 베를린을 볼 수 있다.

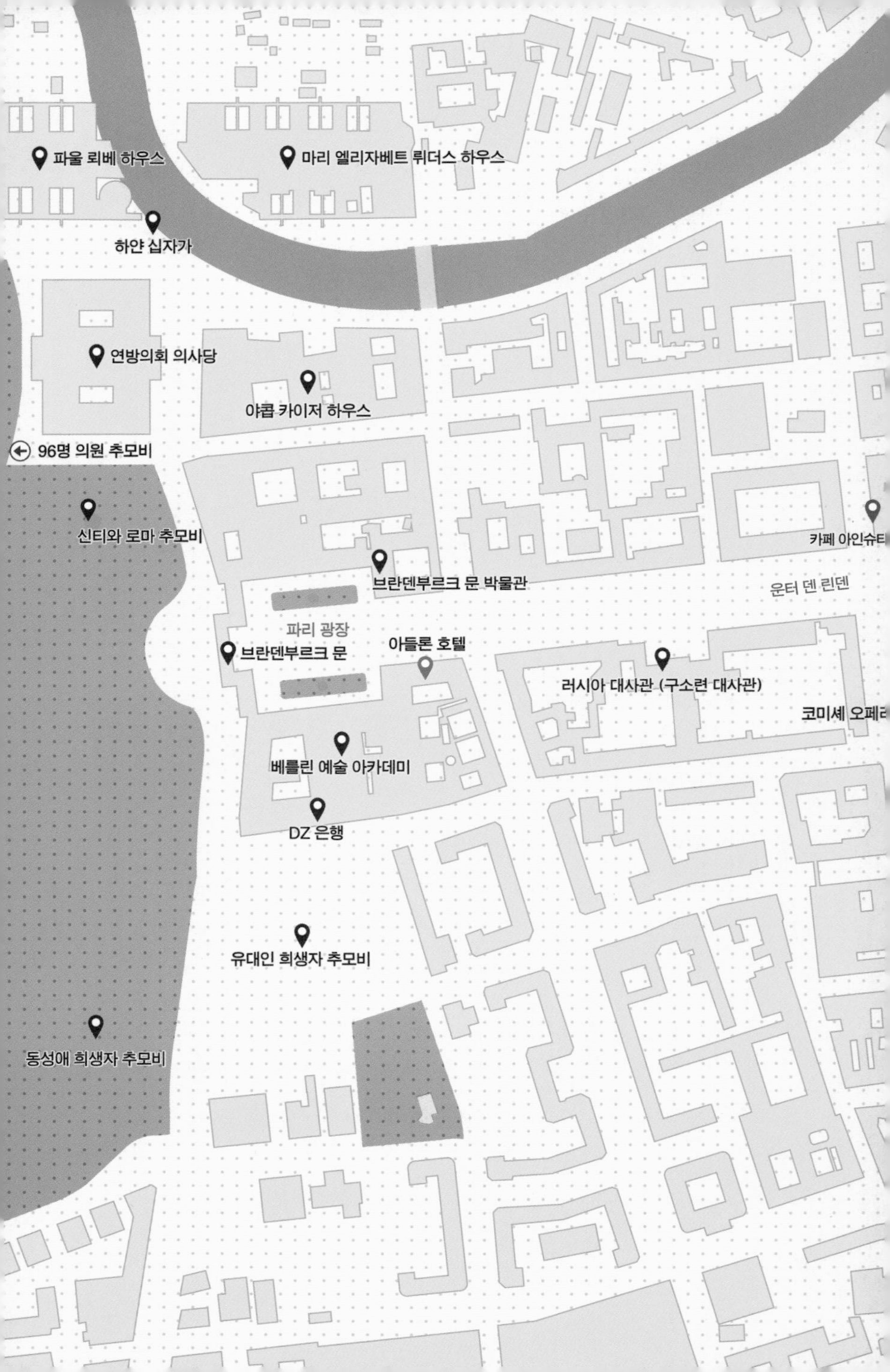

파울 뢰베 하우스
마리 엘리자베트 뤼더스 하우스
하얀 십자가
연방의회 의사당
야콥 카이저 하우스
96명 의원 추모비
신티와 로마 추모비
브란덴부르크 문 박물관
카페 아인슈타
운터 덴 린덴
파리 광장
아들론 호텔
브란덴부르크 문
러시아 대사관 (구소련 대사관)
코미셰 오페라
베를린 예술 아카데미
DZ 은행
유대인 희생자 추모비
동성애 희생자 추모비

브란덴부르크 문 주변 및 운터 덴 린덴 지역

막심 고리키 극장
베를린 주립 도서관
프리드리히 슈트라세
독일 역사 박물관
훔볼트 대학교
노이에 바헤
슐로스 다리
프리드리히 대왕 기마상
운터 덴 린덴
베를린
국립 오페라극장
도이체 방크 쿤스트할레
훔볼트 대학 도서관
베벨 광장
쉰켈 파빌리온
프리드리히 슈트라세
프리드리히스베르더 교회
호텔 드 롬
성 헤드비히
대성당
피에르 불레즈 잘

브란덴부르크 문 주변

브란덴부르크 문 Brandenburger Tor

"드디어 베를린에 왔다"는 기분이 가장 강렬하게 밀려드는 곳이다. 파리의 개선문이나 로마의 콜로세움에 비견할 수 있는, 베를린에서 가장 역사적이고 기념비적인 장소다.

파리 광장Pariser Platz쪽으로 가서 동쪽에서 문을 정면으로 보는 것이 좋다. 아침에 등으로 태양을 받으며 바라보는 문은 영광과 상처를 다 안고 서 있다. 문은 동쪽으로 뻗은 운터 덴 린덴 거리를 향해 멀리 시선을 던지고 있다. 솔직히 아주 멋지거나 화려한 문은 아니다. 근엄하고 당당하지만 무언가 부끄러워하는 듯하다. 심지어 어떻게 보면 초라하기까지 하다. 시골에 계시는 늙은 아버지를 보는 것만 같다. 파란만장하고 자랑스러운 얼굴에 드리워진 지친 표정, 영광스러운 인생 속의 숨기고 싶은 상처들…. 장식이 없는 단순한 도리아식 기둥들이 서 있는데, 기둥 사이의 일정치 않은 간격조차 좀 어설프다. 그럼에도 브란덴부르크 문은 매번 인상적인 무게감으로 다가온다. 풍상의 훈장이 덧붙여졌기 때문일 것이다.

문의 이름은 부근에 있는 도시 '브란덴부르크 안 데어 하벨Brandenburg

an der Havel'로 가는 길의 시작이라는 뜻으로, 이전에 이 자리에 같은 이름의 성문이 있었던 데서 유래한다. 북유럽에서 길이나 철도의 이름을 출발지가 아니라 행선지의 이름을 붙이는 전통(즉 함부르크로 가는 역의 이름이 함부르크역이듯이)을 따른 것이다.

이 문은 프로이센 왕 프리드리히 빌헬름 2세에 의해 1791년에 완성되었다. 왕명을 받은 건축가 카를 랑한스는 독일을 넘어 그리스로 눈을 돌렸다. 그는 아테네의 아크로폴리스로 들어가는 문인 프로필라이아Propylaea를 모델로 삼았으니, 이는 아테네의 전통을 잇겠다는 의미다. 문 위에는 네 필의 말이 끄는 이륜 전차인 콰드리가Quadriga의 청동상이 서 있는데, 요한 샤도의 작품이다. 이 전차상은 1806년 나폴레옹이 침략했을 때 파리로 가져갔다가 다시 베를린으로 돌아왔다. 이 문은 전쟁에서 승리한 군대가 통과하는 개선문으로 세워졌지만, 정작 맨 먼저 통과한 개선 행렬은 나폴레옹의 군대였다.

2차 대전 때 문은 파괴되었고, 베를린이 동서로 분할되면서 베를린 장벽이 문의 바로 뒤쪽으로 지나가게 되었다. 그리하여 이 문은 베를린 분단의 상징이 되었다. 1989년에 장벽이 무너질 때도 브란덴부르크 문을 배경으로 장벽을 부수는 모습이 세계로 방영되었다. 그만큼 유명했던 이 문은 이제 독일의 상징을 넘어서 유럽 통합의 표상으로 여겨지고 있다. 브란덴부르크 문을 통과한 마지막 독일 개선군은 2014년 브라질 월드컵에서 우승한 독일 국가대표 축구팀이었다.

유대인 희생자 추모비Denkmal für die ermordeten Juden Europas

베를린 시내를 지나다니다 보면 인상적인 광경이 보인다. 시내 한복

브란덴부르크 문

유대인 희생자 추모비

판에 늘어선 회색의 돌무더기다. 그냥 돌이 아니라 커다란 콘크리트 더미들이 베를린 한가운데에, 이른바 금싸라기 땅의 블록 하나를 다 채우고 있다. 몇천 개가 되는지도 모른다. 무엇을 말하려는 것인지도 모른다. 그러나 누구나 느낄 수 있다. 관棺과 같은 네모 형태의 엄격함을 갖춘, 수없이 많은 진회색의 서글픈 덩어리가 전하는 심각함을 말이다. 콘크리트 무더기는 도시의 한복판에 누워서 내 가슴을 압도한다. 이곳에서는 떠들던 관광객도 입을 다문다.

이곳은 나치가 살해한 6백만 명의 유대인을 위한 추모비다. 세계에 디자인을 공모했으며, 25개의 응모안 중에 미국 건축가 피터 아이젠만의 작품이 채택되었다. 2005년에 완공된 이곳은 직육면체 콘크리트 구조물 2,711개로 이루어졌다. 구조물의 높이는 다양해서 가장 높은 것은 4미터에 달하고, 그 사이로 들어가면 마치 숲속에 들어온 것 같다. 지하에는 기념관이 숨어 있는데, 거기로 내려가면 전시장과 강의실, 상점 등이 있다. 그 안에 희생자 명단이 들어있고, 학살의 참상이 어두운 공간에 전시돼 있다.

높이가 서로 다른 기념비들이 마치 바람에 물결치는 억새처럼 느껴지는 콘크리트의 바다다. 이렇게 수도의 한복판에 자신들의 부끄러운 역사를 드러내며 기념비를 세운 나라는 독일뿐이다. 이런 역사는 되풀이되지 않아야 하며, 자신들은 반드시 변할 것이라는 독일인들의 굳은 의지가 엿보이는 장소다.

나치 희생자 추모비들

브란덴부르크 문의 주변에는 나치에게 희생된 여러 계층들을 위한 기념비들이 서 있다. 이것들을 하나씩 돌아보는 것도 진지한 여행자에게는 중요한 경험이 될 것이다. 특히 동성애자나 집시의 희생을 기념하는 기념비는 유럽의 새로운 리더인 독일의 넓은 사고를 반영한다.

동성애 희생자 추모비 Denkmal für die im Nationalsozialismus verfolgten Homosexuellen

유대인 희생자 기념비에서 길을 건너면 도착할 수 있는 티어가르텐 안에는 나치에게 희생된 동성애자들을 위한 추모비가 있다. 나치는 동성애자를 절멸시키고자 5만 명을 살해했다. 뒤늦게야 당시에 희생된 동성애자들을 자각한 독일 정부는 덴마크와 노르웨이 출신의 2인조 예술가인 미카엘 엘름그린과 잉가 드라그세트에게 작품을 의뢰했다. 2008년에 설치된 이 작품은 높이 3.6미터, 폭 1.9미터의 콘크리트 블록이다. 창을 통해서 비디오 작품을 볼 수 있는데, 비디오는 정기적으로 교체된다.

프랑크발터 슈타인마이어 대통령은 추모비 건립 10주년을 맞이한 2018년에 여기서 연설을 했다. "우리는 늦었습니다. 저는 오늘 용서를 구합니다. 모든 고난과 불공정 그리고 긴 침묵에 대해서입니다. 퀴어의 존엄성은 불가침이며, 독일 정부는 분명히 그들을 보호할 것입니다…."

신티와 로마 추모비 Sinti und Roma Denkmal

브란덴부르크 문에서 연방의회 의사당으로 가는 도중에 만날 수 있다. 직경 12미터의 둥근 검정 수조에 물이 차 있다. 이스라엘의 조각가 다니 카라반의 작품이다. 나치가 유대인 외에도 소수민족들을 살육한 사실은 그리 알려져 있지 않다. 나치는 약 50만 명의 집시를 살해했는데, '신티와 로마'는 집시를 지칭하는 말이다. 이탈리아 시인 산티노 스피넬리의 시가 새겨져 있으며, 수조에는 항상 희생자를 기리는 꽃이 떠 있다.

96명 의원 추모비 Denkmal zur Erinnerung an 96 von den Nationalsozialisten ermordete Reichstagsabgeordnete

연방의회 의사당 옆에는 회색 석판들이 수직으로 나란히 세워져 있는 추모비가 있다. 정식 명칭은 '국가사회주의독일노동자당(나치의 정식 명칭)에 의해 살해된 96명의 국회의원들을 위한 추모비'다. 이처럼 우리가 잘 몰랐던, 나치에게 항거했던 독일인들의 역사는 베를린 곳곳에서 볼 수 있다. 이것은 정의와 양심으로 나치에 저항했던 의원 중에서 나치에 의해 살해된 자들을 위한 기념비다. 96개의 석판 모서리에 겨우 보이게끔 의원들의 이름과 정당이 적혀있다. 베를린 미술 아카데미의 학생들이 디자인한 것이다.

96명 의원 추모비

하얀 십자가Weiße Kreuze

연방의회 의사당 북쪽의 슈프레강 변에서는 흰 십자가들이 눈이 들어온다. 이것은 나치 희생자 추모비는 아니다. 강을 건너 동베를린을 탈출하려다가 살해당한 사람들을 기리는 십자가들이다. 그들이 숨졌던 곳에 시민단체에서 흰 십자가를 세웠던 것에서 유래하는데, 의사당이 재건되고 나서 당국에서 13개의 십자가를 다시 세웠다. 건축가 얀 벤베르크가 디자인한 이 설치물은 마치 강가의 난간처럼 세워져 있다.

연방의회 의사당Reichstag

파리 광장에서 브란덴부르크 문을 바라보면 오른편 뒤로 아주 큰 건물이 보인다. 이 건물이 국회의사당이다. 처음에는 독일 제국 의사당이었으며, 지금은 연방의회 의사당이다. 라이히슈타크라고도 부르지만 누구는 분데슈타크Bundestag라고도 하는데, 전자는 건물을 지칭하는 것이고 후자는 의회를 가리킨다.

강대하고 호전적인 독일 제국을 형상화한 듯한 건물은 1894년에 완성되었다. 세기말 독일 제국의 대표적 건물로서 지나치게 화려하고 거대하고 과시적이다. 다양한 양식을 억지로 모아 놓은, 마지막 제국의 광기가 어린 건축이다. 이곳에서 일어난 사건 중 가장 광적인 사례는 나치가 집권하고 히틀러가 총통이 된 일이다. 그런 독일의 상징적 건물이다 보니 2차 대전 때 연합군 조종사들이 일부러 철저하게 폭격했고, 결국 폐허가 되었다. 이후 서독의 연방의회는 당시의 수도인 본에 세워졌지만, 독일이 통일되면서 역사성을 회복하기 위해 다시 이 건물로 의사당을 옮기기로 했다.

포장된 의사당

1995년에는 설치예술가 크리스토와 잔느 클로드 부부가 건물 전체를 은빛의 천으로 '포장'하여 「포장된 의사당Wrapping of the Reichstag」을 만들었다. 2주 동안 공개된 「포장된 의사당」은 세계적인 주목을 받았다. 이 포장을 풀면서 새롭게 복원된 의사당이 위용을 드러냈고, 본에 있었던 의회가 이곳으로 옮겨졌다.

재건된 라이히슈타크에서 화제가 된 부분은 옥상의 돔을 유리로 바꾼 것이다. '유리 돔'은 건물의 리노베이션을 주도한 영국 건축가 노먼 포스터의 작품이다. 베를린에 오면 이 유리 돔에 올라야 한다는 관광객들의 강박증은 이곳을 에펠탑이나 엠파이어스테이트 빌딩처럼 붐비는 곳으로 만들어버렸다. 돔을 따라 나선형의 산책로가 만들어져서, 걸으면서 베를린 전경을 360도 구경할 수 있다. 또한 그 밑의 의회도 내려다보여서, 독일 의회는 시민들의 감시 밑에서 투명한 정치를 한다는 의미도 갖고 있다. 안에 들어가면 회의장 외에도 볼 것이 많다. 특히 소련군이 의사당을 점령했을 때에 벽에다 했던 낙서들을 지우지 않고 보존한 것은 의미심장하다. 대부분 욕설이지만, 독일인들은 자신들의 역사를 잊지 않기 위해 그대로 낙서를 남겨 둔 채로 회의를 하고 있다.

의사당을 찾는 관광객들은 아주 많다. 그런데 엄격한 보안 검사를 거쳐야 하기 때문에 긴 줄이 쉽게 줄어들지 않는다. 그래서 사전 예약 시스템이 있다. 아침이나 저녁때가 좀 나으니 참고하시기 바란다. 의사당 꼭대기의 돔 옆에는 식당도 있는데, 전망은 물론 음식도 좋은 편이다. 이곳을 예약하면 줄을 서지 않고 돔으로 직행할 수 있다.

연방의회 의사당

의사당 옆의 세 건물

연방의회 의사당에서 슈프레강 쪽으로 가면 갑자기 시대를 넘어온 듯한 느낌을 안겨주는 현대적인 건물들이 서 있다. 모두 연방의회의 부속 건물이다. 각기 독일의 대표적인 정치가의 이름을 딴 세 그룹의 포스트모더니즘 건물들로서, 베를린 현대건축의 새로운 명물이다.

파울 뢰베 하우스Paul Löbe Haus

의사당에 가장 가까운 건물로, 의회의 기능을 돕는 사무실들이 입주해 있다. 독일 건축가 슈테판 브라운펠스의 디자인으로, 현대건축의 단순한 미학은 고전적인 의사당과 대조를 이룬다. 안에는 카페와 식당도 있다.

마리 엘리자베트 뤼더스 하우스Marie-Elisabeth Lüders Haus

슈프레강을 사이에 두고 파울 뢰베 하우스와 마주 보는 건물이다. 기하학적 구조의 흰 건물이 파란 하늘을 배경으로 서 있는 모습은 초현실적이다. 해가 지는 늦은 오후나 조명이 켜지는 저녁에는 더욱 멋지다. 역시 슈테판 브라운펠스의 작품으로 직선과 원형의 선이 뚜렷한 인상을 준다. 슈프레강 위로 파울 뢰베 하우스와 이어진 다리가 인상적이다. 마리 엘리자베트 뤼더스 하우스는 동베를린을, 맞은편의 파울 뢰베 하우스는 서베를린을 상징한다. 건물 안에는 의회도서관이 있다.

야콥 카이저 하우스Jakob Kaiser Haus

연방의회 부근에 있는 일련의 건물들 중에서 마지막으로 완공된 것

마리 엘리자베트 뤼더스 하우스

으로, 여덟 채의 건물로 구성된 거대한 복합 사무실 단지다. 각 건물들은 설계를 맡은 건축가들이 다르다. 유럽의 대표적인 네 개의 건축 설계사가 각기 두 채씩의 건물을 맡아서 개성이 있으면서도 통일된 콘셉트를 이루었다. 독일 최대의 사무실 단지로 꼽히는 이곳에는 1,700개가 넘는 사무실에 300여 개의 회사가 들어있는데, 주로 언론사들이 많다.

파리 광장 Parisner Platz

브란덴부르크 문의 동쪽에 있는 사각형의 땅을 파리 광장이라고 부른다. 베를린을 침략했던 나폴레옹 군대가 패퇴하여 물러간 것을 기념해서 1814년에 광장을 조성하고 적국 프랑스의 수도 이름을 붙였다. 이후 독일과 프랑스의 관계가 다시 좋아지면서 이곳에 프랑스 대사관

파리 광장

이 들어선 점이 재미있다. 프랑스 대사관과 미국 대사관을 비롯하여, 코메르츠 방크(상업은행), 드레스드너 방크(드레스덴은행), 아들론 호텔, 베를린 예술 아카데미 등이 광장을 둘러싸고 있다. 현재는 여러 집회가 자주 열리며, 늘 관광객으로 넘친다.

브란덴부르크 문 박물관 Brandenburger Tor Museum

파리 광장의 한쪽에 있는 작은 사설 박물관이지만 사람들이 제법 찾는다. 대형 파노라마 화면으로 문의 여러 모습을 비춰주는 코너의 인기가 높다. 가까이서 볼 수 없는 승리의 여신상을 크게 만든 복제품도 있다. 또한 근현대 베를린의 역사도 정리해 보여준다.

DZ 은행 DZ Bank, 악시카 Axica

이 건물은 언뜻 눈길을 끌 요소가 보이지 않는다. 하지만 현대건축에서 중요한 건물로 꼽힌다. 심지어 이 건물을 보기 위해 베를린에 오는 사람도 있다고 한다. 이 건물 속에 숨어있는 구조물이 저명한 건축가 프랭크 게리의 작품이기 때문이다. 작가 스스로 "내 작품 중에서 최고의 걸작"이라고 말했던 작품이다.

건물은 DZ 은행의 컨벤션 센터 즉 회의장으로 쓰인다. 프랭크 게리는 직선으로 된 박스형 건물 안에 마치 어떤 유기체의 뱃속인 양 꿈틀거리는 실내 건축물을 지어 놓았다. 타원형의 유리로 구성된 이 공간은 그 안에서 회의하는 사람들에게 별세계 속에 와있는 듯한 느낌을 안겨줌으로써 창의성을 불러일으킨다. 또한 맨 위층의 스카이로비는 주변의 멋진 경치를 즐길 수 있는 숨은 명소다.

악시카

베를린 예술 아카데미 Akademie der Künste

유리로 된 현대식 외관을 뽐내지만, 1696년에 설립된 브란덴부르크 예술학교를 뿌리로 한다. 동서 베를린으로 나뉘어져 있던 두 개의 미술학교를 통합하면서 1993년에 새로운 건물을 지었다. 현재는 미술, 건축, 음악, 문학, 영화 등의 세부 분야로 나뉜 교육 및 연구기관이다. 여기서 케테 콜비츠 상賞, 하인리히 만 상, 콘라드 볼프 상, 알프레트 되블린 상 등 유명 예술상들의 수상자를 선정한다. 안에는 현대미술 작품들이 전시되어 있다.

아들론 호텔 Hotel Adlon Kempinski Berlin

파리 광장에서 바로 보인다. 초록색 지붕을 얹은 연노랑 건물이다. 지금은 켐핀스키 체인에 속하지만, 건물은 베를린의 역사를 담고 있다.

아들론 호텔

로렌츠 아들론이 라이너 미하엘 클로츠에게 의뢰해서 지은 이 건물은 1907년에 베를린의 첫 대형 호텔로 개장했다. 의사당 앞이라는 위치 덕분에 각국 정치가와 명사들이 고객 명단을 이루었지만 2차 대전 때 건물이 파괴되면서 호텔은 문을 닫았다. 그러다 통일되면서 서독 회사가 매입하여 1997년에 다시 호텔을 개장했다.

아들론 호텔은 소설이나 영화에도 등장한다. 비키 바움의 소설 『그랜드 호텔』은 사실 아들론 호텔의 면모와 생태를 그린 것으로 알려져 있다. 영화 「캬바레」의 대사 중에도 아들론 호텔이 등장하며, 리암 니슨이 주연한 영화 「언노운」의 촬영지로도 이용되었다.

운터 덴 린덴 지역

운터 덴 린덴 Unter den Linden

발터 콜로가 작곡한 「보리수 그늘을 따라서」라는 노래가 있다. "보리수 우거진 녹음 아래를 우리는 신나게 걷는다…." 이 즐거운 노래를 들을 때면 한 거리가 생각난다. 나는 거리를 좋아하고 거리에 쉽게 감동한다. 아름답고 낭만이 넘치는 거리들. 나의 여행은 거리를 찾는 여행이기도 하다. 어느 도시에나 대표적인 거리가 있다. 그러나 그중에서도 거리의 역사성을 따졌을 때 운터 덴 린덴만 한 데는 흔치 않다. 게다가 낭만적이기까지 하다. 운터 덴 린덴이 '보리수나무 아래'라는 뜻이니, 정말 낭만적이지 않은가?

운터 덴 린덴은 베를린의 중요한 대동맥이며 오랫동안 도시의 심장부였다. 주변에 역사적인 건물들이 수두룩하고, 정치뿐만 아니라 학문, 문학, 미술, 음악, 문학, 사상운동의 역사를 담은 현장들이 있다. 걸으면서 좌우에 늘어선 건물들의 의미를 떠올리면 그 무게로 가슴이 막히는 감동적인 길, 그곳이 운터 덴 린덴이다. 여기에 이런 이름이 붙은 데는 이유가 있다. 보리수가 다섯 줄씩 심어져 있기 때문이다. 이 아름다운 거리 중앙부에는 산책자를 위한 넓은 인도가 조성돼 있어서, 마치 폭이 좁은 공원이 길게 늘어선 듯하다.

서울은 가을이 오지도 않았을 무렵, 무더위에 지친 나는 절실하게 가을을 만나고 싶었다. 그때 찾아간 곳이 베를린이었다. 위도상으로는 하얼빈보다도 높은 곳이다. 그래서 그곳에 가면 가을이 와 있지 않을까 싶었다. 여행길에 억지로 동선을 조절해 베를린에 들렀다. 도착한 다음날 아침, 나는 들뜬 기분으로 길을 나선다. 목표는 운터 덴 린덴이다. 일단 브란덴부르크 문을 보고 동쪽으로 걸어가면 넓은 거리가 펼쳐진다. 이제 서서히 길을 걷는다. 낙엽을 밟으러 왔건만 아직도 이곳에는 가을이 짙지 않다. 보리수 잎들은 노랗게 변하고 있지만, 땅에 떨어진 낙엽은 몇 개 되지 않는다. 그래도 낙엽을 밟으러 왔으니, 몇 개 되지 않는 떨어진 잎을 찾아 다리를 크게 벌려가면서 징검다리를 건너듯이

운터 덴 린덴

움직인다. 그렇게 장난스럽게 걸어본다. 어쨌거나 낙엽을 밟았으니 행복하다. 오래된 보리수나무들은 우거지고, 그 잎에는 평온을 주는 묘한 힘이 있다.

운터 덴 린덴 거리에는 중요한 역사적 건물들이 많다. 길이는 불과 1.5킬로미터에 불과하지만, 일일이 주변 건물들을 들어가서 살펴본다면 하루에 다 다니기가 힘들 정도다. 아들론 호텔 다음에는 코미셰 오퍼가 있다. 이어서 러시아 대사관, 주립 도서관, 훔볼트 대학, 베벨 광장, 국립 오페라극장, 노이에 바헤, 독일 역사 박물관 등이 줄줄이 서있다.

코미셰 오페라극장 Komische Oper Berlin

운터 덴 린덴을 걷기 시작하면 바로 오른편에 네모반듯한 상자 모양의 현대식 건물이 나타나는데, 크게 나붙은 포스터를 보면 극장임을 알 수 있다. 입구는 반대편인 베렌 슈트라세Behrenstraße 쪽에 있다. 베를린의 특징 중 하나가 세계적인 오페라극장이 무려 세 곳이나 있다는 점이다. 바로 슈타츠오퍼(국립 오페라극장), 도이체 오퍼(독일 오페라극장) 그리고 코미셰 오퍼(희극 오페라극장)이다. 이곳이 그중 세 번째에 해당하는 코미셰 오페라극장으로, 정확한 명칭은 베를린 코미셰 오페라극장Komische Oper Berlin이다.

이 극장은 가벼운 오페레타를 상연하기 위해 1892년에 민간업자가 설립했는데, 1934년에 정부가 사들여 국립 오페레타 극장Staatliches Operettentheater으로 개명했다. 베를린 분단 이후에 동독 정부는 1947년에 이곳을 코미셰 오퍼로 명명했고, 1966년에 동독의 건축가 쿤츠 니라데에 의해 현대적 극장으로 개조되었다.

이곳의 세계적인 명성은 동독 시절에 얻어졌다. 1947년 재개관 때 극장장으로 취임한 전설적인 연출가 발터 펠젠슈타인은 이 극장을 세계 오페라 연출의 메카로 만들었다. 그는 30년 가까운 기간에 걸쳐 오페라 세계에서 연출이라는 장르의 비중을 지금처럼 올려놓았다. 이후로 펠젠슈타인의 조수 출신들이 서방으로 진출하면서 세계 오페라계에 '연출가의 시대'를 불러일으켰다. 괴츠 프리드리히, 요아힘 헤르츠, 하리 쿠퍼, 안드레아스 호모키 등이 그들이다. 오페라든 연극이든 연출에 관심이 있는 사람이라면 이 극장의 공연을 놓쳐서는 안 된다. 지휘자 쿠르트 마주어, 키릴 페트렌코 등이 이곳을 거쳐 갔고, 현재 음악감독은 아이나르스 루비키스다.

러시아 대사관 (구소련 대사관)

운터 덴 린덴에는 굳게 닫힌 정문과 나무들로 덮인 채 눈에 띄고 싶어 하지 않는 거대한 건물이 서 있다. 구舊소련 대사관이다. 역사적으로 중요한 건물로서, 2차 대전 이후에 동베를린에 세워진 첫 번째 건물이다. 소련의 권위를 과시하기 위해서 당시 동구권에 유행하던 신고전주의 양식을 이용해 위압적으로 지었다. 소련 건축가 아나톨리 스트리셉스키가 이용한 이 양식은 추커베커슈틸Zuckerbäckerstil, 즉 '웨딩케이크 스타일'로도 불린다. 지금은 러시아 대사관인데, 내부가 개방되지 않는 점이 안타깝다.

카페 아인슈타인 Café Einstein Unter den Linden

운터 덴 린덴을 방문한 많은 사람들이 모이는 이 카페는 붉은 차양

위에 쓰인 아인슈타인이라는 글씨가 돋보인다. 서베를린 지역에 본점이 있는 유명한 카페 아인슈타인의 운터 덴 린덴 지점인 셈이다. 하지만 이곳은 본점과는 다른 역사와 특징을 가지고 있다. 1996년에 배우이자 감독인 게랄트 울리크가 문을 열었는데, 주인의 유명세 덕분에 주변 정치가와 예술가들의 집합소가 되었다. 또한 울리크는 옆에 갤러리도 열어서 헬무트 뉴튼이나 빔 벤더스 같은 유명 작가들의 전시회를 개최했다. 커피가 맛있으며 디저트들도 뛰어나고 식사도 괜찮다. 운터 덴 린덴을 걷다가 쉬고 싶을 때에 가장 권하고 싶은 카페다.

카페 아인슈타인

프리드리히 대왕 기마상

프리드리히 대왕 기마상Reiterstandbild Friedrichs des Großen

운터 덴 린덴의 중앙 인도가 끝나는 지점, 즉 주립 도서관 앞에 커다란 승마상이 나타난다. 승마상의 주인공은 흔히 프리드리히 대왕이라고 부르는 프로이센의 왕 프리드리히 2세다. 우리로 치면 세종로의 세종대왕 동상에 해당하는 것이다. 조각가 크리스티안 다니엘 라우흐의 작품으로, 10명의 조각가들이 조수로 참여한 집단 조각상이다. 기단 위에 세워진 대왕은 날렵한 모습으로 말을 달리고, 기단에는 신하와 보필자 74명이 조각되어 있다. 거기에는 군인뿐 아니라 칸트나 레싱 같은 예술가들까지 포함돼 있어서 계몽군주였던 프리드리히 대왕의 모습을 잘 보여준다. 의상이나 신하들의 면면까지 완벽한 고증으로 유명해서 가까이서 살펴볼 만하다.

베를린 주립 도서관Staatsbibliothek zu Berlin, SBB

운터 덴 린덴의 왼편에 나타나는 잿빛의 고풍스러운 건물이다. 흔히 국립 도서관이라고도 부르지만, 지금은 주립이 정확하다. 친근하게 '슈타비Stabi'라고도 부르는 이곳은 프로이센 왕국 때부터 학문의 요람으로 꼽힌다. 1661년 설립되어 베를린 왕립 도서관, 프로이센 국립 도서관 등으로 이름을 바꾸어 왔다. 지금 건물은 1913년에 완공된 것이다. 베를린이 분단되면서 이 건물은 동베를린 관할로 들어갔고, 서베를린은 1978년에 쿨투르포룸에 새로운 도서관을 건립했다. 통일과 함께 두 도서관은 하나의 도서관으로 통합되었다. 운터 덴 린덴의 구관舊館은 주로 1945년 이전의 자료들을 보관하며, 포츠담의 신관新館은 1945년 이후의 자료들이 중심을 이룬다. 또한 따로 수백만 권의 장서를 보관할 수 있는 서고를 지어서, 총 장서는 도합 3백만 권이 넘는다.

훔볼트 대학교Humboldt Universität zu Berlin

베를린에는 베를린 대학이 없다. 베를린 최고의 대학은 훔볼트 대학교로서, 정식 이름은 베를린 훔볼트 대학교다. 언어학자이자 교육자인 빌헬름 폰 훔볼트가 국민에게 자유주의 교육을 베풀기 위해 1810년에 베를린 대학교Universität zu Berlin라는 이름으로 창설했다. 이후 1949년에 훔볼트와 그의 동생인 자연과학자 알렉산더 폰 훔볼트 형제를 기리기 위해서 베를린 훔볼트 대학교로 개명하여 오늘에 이른다. 본관 앞에 형제의 석상이 나란히 세워져서 두 선각자를 기념하고 있다. 독일이 분단될 때 훔볼트 대학은 동베를린으로 넘어갔다. 그러자 서베를린은 사상적 적화赤化를 우려하여 자유주의 정신을 수호한다는 취지로 1948년에 베를린 자유대학교Freie Universität Berlin를 설립했다.

이곳은 훔볼트식 고등교육 모델을 개발하여 세계의 대학 교육에 큰 영향을 미친 선구적 대학으로, 현대 대학교육의 모태라고 불린다. 졸업생과 교수 중에서 55명(2017년 기준)의 노벨상 수상자를 배출한 세계 최고 수준의 명문이다. 특히 19세기 말과 20세기 초에 자연과학계에서 가장 높은 업적을 낸 대학이었는데, 그중 물리학자 알베르트 아인슈타인과 수학자 카를 프리드리히 가우스는 학교의 상징처럼 여겨진다. 교수 중에도 저명한 학자, 예술가, 정치가가 즐비하다. 게오르크 헤겔, 카를 마르크스, 프리드리히 엥겔스, 야콥과 빌헬름 그림 형제, 하인리히 하이네, 로베르트 코흐, 헤르베르트 마르쿠제, 펠릭스 멘델스존, 막스 플랑클, 막스 베버 등 쟁쟁한 동문들의 이름을 볼 수 있다.

훔볼트 대학교 도서관 내부

훔볼트 대학 앞의 고서 판매상

훔볼트 대학은 이곳 운터 덴 린덴에 위치한 캠퍼스 미테Campus Mitte 외에도 캠퍼스 노르트Campus Nord와 캠퍼스 아들러호프Campus Adlershof까지 세 개의 캠퍼스를 가지고 있다. 현재 190개 학과에 3만 7,000여 명의 학생이 있다. 본관 앞에서는 매일 고서古書 판매상들이 늘어서는데, 건너편 베벨 광장에서 있었던 분서 사건을 잊지 않기 위한 전통이다.

빌헬름 훔볼트, 알렉산더 훔볼트 형제

인물

Wilhelm von Humboldt, 1767~1835
Alexander Von Humboldt, 1769~1859

빌헬름과 알렉산더 형제는 독일의 교육과 과학 발전에 큰 공헌을 한 위대한 형제다. 프로이센 귀족 가문에서 태어난 빌헬름은 동생과 함께 가정교사에게 교육을 받았다. 사회에 나온 그는 교육장관직을 맡았고, 오스트리아 대사를 역임하는 등 외교관으로서 능력을 보였다. 그의 더 큰 공로는 베를린 훔볼트 대학을 창설하여 독일 대학 교육의 백년대계를 세웠다는 것이다. 또한 바스크어를 연구하여 큰 업적을 남기면서 언어학자로도 명성을 떨쳤다. 또한 자바섬의 고대 카위어에 대한 연구도 착수했지만, 끝내지 못하고 서거했다.

알렉산더 폰 훔볼트는 자연과학자이자 지리학자, 탐험가였다. 1796년에 남미 대륙으로 탐험을 떠난 그는 아마존강 유역의 동식물 조사를 하고 안데스 산맥을 넘었다. 이 여행에서 그는 상호 독립적이라고 간주되었던 동식물의 분포와 지리적 요소간의 관계를 정립했고, 근대 지리학의 방법론을 제시한 저서 『코스모스』를 출간했다. 그 업적은 워낙 대단해서 그는 당시 유럽에서 나폴레옹 다음으로 유명한 인물이라고 일컬어지기도 했다. 자연지리학과 지구물리학의 기초를 세웠으며, 동식물과 지형, 기상 및 지자기 사이의 관계를 정립한 그가 세상을 떠나자 장례는 국장으로 치러졌다.

노이에 바헤 Neue Wache

홈볼트 대학 다음에는 작지만 당당한 건물이 서 있는데, 필히 들어가야 하는 장소다. 노이에 바헤라고 불리는 이곳은 우리말로 '새로운 초소哨所' 내지는 '신 위병소'쯤 되니 이름만으로는 정체를 알 길이 없다. 그리스 신전 같은 정면에는 여섯 개의 도리아식 기둥이 서 있고, 그 위에는 근대 독일을 빛낸 장군들의 모습이 보인다.

1818년에 프리드리히 빌헬름 3세의 명으로 세워진 이곳은 황제의 친위대인 제1연대를 위한 건물이었다. 건축은 막 이탈리아 여행을 마치고 돌아와 재기와 패기가 넘치던 건축가 카를 프리드리히 쉰켈에게

노이에 바헤

맡겨졌다. 실제로는 제1연대를 위한 건물이라기보다는 독일의 전쟁영웅들을 기리는 공간이 되었다. 준공 이후로 이어진 전쟁에서 개선한 용사들은 브란덴부르크 문을 통과하여 운터 덴 린덴에서 퍼레이드를 했는데, 이 거리의 유일한 군사적 건물인 노이에 바헤 앞에서 열병식과 수훈식이 이루어졌다.

들어가 보자. 분명 당신은 말문을 잃고 멍해질 것이다. 이 건물은 1931년부터 '국립 전몰자 추모관'이 되었다. 즉 이제는 '전쟁의 승리를 찬미하는 곳'이 아니라 '다시는 전쟁이 없기를 기원하는 기념관'이 된 것이다. 이 건물은 통일 이후에 '잔학행위 및 전쟁으로 인한 희생자들을 위한 독일연방공화국 기념관'으로 다시 명명되었다. 내부의 모든 물건들을 들어내고 텅 비운 공간에는 헬무트 콜 총리의 제안으로 단 하나의 조각만을 남겼다.

가운데에는 늙은 여자가 고개를 숙인 채 남자를 끌어안고 있다. 마른 남자는 힘없이 늘어져 있어 죽은 것으로 보인다. 이런 조각은 흔히 '피에타pieta'라고 부른다. 즉 어머니 마리아가 십자가에서 끌어 내려진 예수의 시신을 품에 안고 있는 모습이다. 장성한 아들의 주검을 끌어안은 마리아. 유럽에서 자주 볼 수 있는 형상이다. 그러나 죽은 아들을 안고 우는 이가 어찌 성모뿐일까? 양차 대전을 겪은 독일에서는 수백만 명의 어머니가 죽은 아들을 안고 울었으며, 더 많은 어머니가 아들의 시신을 만져보지도 못한 채 여생을 마쳤다. 그런데 그런 수백만 명을 기려야 할 공간에 쓰러져 있는 이는 한 명뿐이다. 하지만 아들을 끌어안은 어머니의 모습은 수만 개의 기념비보다도 더 강렬하게 호소해온다.

죽은 아들을 안고 있는 어머니 조각상

이 조각상은 케테 콜비츠가 만든 「죽은 아들을 안고 있는 어머니」다. 그녀는 사랑하는 아들을 1차 대전에서 잃었고, 죽은 아들과 같은 이름을 가진 손자를 2차 대전에서 잃었다. 그런 그녀에게 전몰 장병 추모를 위한 조각이 의뢰되었다. 하지만 막상 조각상이 발표되자 비난이 들끓었다. 수백만 아들들의 영령을 위로하는 조각을 만들라고 했더니, 자기 아들만을 위한 조각을 만들었다는 것이다. 하지만 다른 수많은 아들들에 대한 감정과 자기 아들에 대한 감정이 같을 수 있을까? 그녀는 솔직한 자신의 슬픔을 표현했고, 그럼으로써 '아들들'이 아니라 그들을 잃은 수많은 어머니들의 심정을 대표했다.

케테 콜비츠는 마흔 살부터 죽을 때까지 10여 권의 일기장을 남겼다. 그 기록은 아들이 죽은 대목에서 절정을 이룬다. 하지만 가장 힘들었을 날의 일기에는 아무런 감정도 없는 단 한 줄만이, 그것도 남의 말을 인용해서 적혀 있을 뿐이다. 1914년 10월 30일 "댁의 아드님이 전사했습니다…." 그리고 세월이 흘러 손자의 전사 소식을 들은 날은 일기조차 비어있다. 그녀는 2차 대전 종전을 며칠 앞두고 세상을 떠났다.

눈이 내리는 날 이곳을 찾았다. 천장에 뚫린 채광창을 통해서 눈이 그대로 떨어져 들어온다. 어머니는 사랑하는 아들 대신에 눈을 맞고 있다. 어머니의 머리와 어깨에 흰 눈이 소복하게 쌓여있다. 우리 어머니들이 그랬듯이…. 노이에 바헤에서 물러나온다. 내가 그곳에서 본 것은 그토록 나를 사랑했던 내 어머니, 우리 엄마의 모습이었다.

막심 고리키 극장 Maxim Gorki Theatre

노이에 바헤 뒤편에는 쓸쓸하게 쌓인 낙엽들 뒤로 작은 극장이 서

막심 고리키 극장

있다. 가을의 상념에 어울리는 분위기다. 소련의 위대한 작가의 이름을 딴 막심 고리키 극장은 처음에는 연극이 아니라 콘서트를 위해 지어졌다. 카를 프리드리히 쉰켈의 계획을 이어받은 그의 제자 카를 테오도어 오트머가 신고전주의 양식으로 세운 건물이다. 1927년에 완성된 후로 성악 아카데미의 공연장으로 이용되었다.

동독 정부는 1952년부터 이곳을 소련 연극을 상연하기 위한 공간으로 결정했고, 이름을 막심 고리키 극장으로 개명했다. 이후 스타니슬랍스키 등의 소련 연극인들에 의해서 사회주의 연극을 올리는 중요한 장소가 되었다. 통일 이후에도 그 전통을 이어서 구소련을 중심으로 하는 예술 연극들이 주로 무대에 올랐는데, 최근에는 서방 작품이나 현대극들도 무대에 오른다.

독일 역사 박물관

독일 역사 박물관 Deutsches Historisches Museum, DHM

운터 덴 린덴의 끄트머리에 서 있는 고색창연한 건물이 독일 역사 박물관이다. 가능하다면 베를린 일정의 첫날에 꼭 방문해보기를 권한다. 이곳을 돌아보고 나면 독일이 어떤 나라인지, 앞으로 베를린에서 무엇을 보아야 할지가 정리되기 때문이다. 독일인들은 이곳을 "독일과 유럽의 공통된 역사에 대한 깨달음과 이해의 장소"라고 표현하는데, 그런 만큼 이 박물관은 독일뿐 아니라 유럽의 역사와 현재 유럽의 지형도地形圖를 이해할 수 있는 살아있는 교육장이다. 두 채의 건물로 이루어져 있는데, 운터 덴 린덴에 면한 붉은 건물이 초이크하우스 Zeughaus다. 그 이름처럼 과거에는 무기고였다. 그리고 그 뒤편에 현대 건축가 I. M. 페이가 설계한 새로운 건물이 2003년에 세워졌다. 두 건물의 내부는 이어져 있다.

독일 역사 박물관은 베를린이라는 도시가 세워진 지 750년이 된 해를 기념하여 1987년에 개관했다. 전시물을 나열하는 데 그치는 종전의 박물관을 벗어나 정신성을 보여주려는 새로운 개념을 표방한 박물관이다. 체계적이고 상세한 전시는 보는 이를 역사 속으로 데려간다. 전쟁, 무기, 과학, 의약품, 의복, 유대인 학살, 동독, 최근의 유럽 등으로 나뉜 16개의 항목은 상호 융합적인 지식을 알려주며, 흥미진진한 전시품들도 많다. 특히 두 차례 세계대전의 당사자국이라는 수치심과 자긍심이 묘하게 섞여 있어서 균형에 고심한 흔적이 느껴진다. 많은 깨달음을 얻기에 부족함이 없는 학습장이다.

베벨 광장 Bebelplatz

홈볼트 대학을 보고 뒤로 돌아서면 맞은편에 넓은 땅이 펼쳐진다. 돌로 포장된 이 반듯한 직사각형 공간이 베벨 광장이다. 성 헤드비히 대성당, 호텔 드 롬, 훔볼트 대학 도서관 및 국립 오페라극장 등 역사적인 건물들로 둘러싸여 있다. 베벨 광장은 1743년에 오페라하우스 광장Platz am Opernhaus이라는 이름으로 건설되었다. 2차 대전 때 파괴되었다가 전쟁 후에 복구하면서 동독에서 사회민주당의 창시자인 아우구스트 베벨의 이름을 붙였는데, 통일 후에도 이름을 그대로 유지하고 있다.

베를린 분서 사건과 분서 사건 기념비

베벨 광장은 이곳에서 일어난 역사적인 사건 때문에 더욱 중요한 곳이다. 1933년 5월 10일에 나치의 사주를 받은 학생 단체들이 나치가

베벨 광장. 멀리 보이는 돔이 성 헤드비히 대성당이다.

불온하다고 간주한 '읽어서는 안 되는 책들'을 이곳으로 모아왔다. 괴벨스 선전장관이 참석하여 선동적인 연설을 한 다음, 사람들은 책을 불태우기 시작했다. 그때 불탄 책들은 하인리히 만, 에리히 마리아 레마르크, 하인리히 하이네, 카를 마르크스, 지그문트 프로이트, 로자 룩셈부르크, 슈테판 츠바이크 그리고 아우구스트 베벨 등의 저작을 포함하여 총 2만여 권에 달했다.

이렇게 책들이 불타는 모습을 직접 가서 목격한 소설가 에리히 캐스트너의 일화는 유명하다(그의 책도 거기서 불태워졌다). 자신을 비판하거나 자기 정권에 불리하다는 이유로 책을 태우는 것은 가장 무식하고 잔인한 인권 유린이며 자유에 대한 억압이다. 이 사건은 영원히 씻을 수 없는 죄상으로 남아 이 광장에서 영원히 고발되고 있다. 당시 상황은 영화 「책도둑」에서도 묘사되고 있다.

넓은 베벨 광장 가운데에는 분서焚書를 추념하는 작은 동판이 설치되어 있다. 그리고 그 옆의 광장 바닥이 뚫려 있다. 이 부분의 유리를 통해

분서 사건 기념 동판

미하 울만의 「빈 서가」

서가書架들을 볼 수 있는데, 흰 서가는 책이 한 권도 꽂혀있지 않은 채로 텅 비어있다. 이것은 미하 울만이 1995년에 설치한 작품 「빈 서가」다. 서가는 책 2만 권을 꽂을 수 있는 크기로서, 나치가 없애버린 2만 권의 책들은 다시 돌아올 수 없다는 사실을 침묵으로 웅변한다.

기념 동판에는 하이네의 희곡 『알만소르』의 한 대목이 적혀있다. 1820년에 발표한 이 비극에서 하이네는 자신의 종교와 다르다는 이유로 타 종교의 경전을 태웠던 행위를 지적했으며, 더불어 나치의 인간 살상도 예견했다.

> 그것은 그저 서곡일 뿐이었다.
>
> 책을 태운 자들은 결국에는 사람도 태울 것이다.

도이체 방크 쿤스트할레 Deutsche Bank Kunsthalle

1997년부터 도이체 방크 즉 독일 은행은 현대미술 전시회를 개최했다. 처음에는 구겐하임 재단과 함께 운터 덴 린덴의 한 건물에서 독일 구겐하임Deutsche Guggenheim이라는 이름으로 비상설 특별전을 열었다. 세계 최고 수준의 작가나 테마로 기획된 이 전시들은 높은 호응을 받았다. 독일 구겐하임은 2012년까지 61회의 전시를 열었지만 이제 사라졌다.

이후 도이체 방크는 베벨 광장에 있는 바로크 양식의 건물인 팔레 포풀레르Palais Populaire를 임대했다. 그리고 그곳을 개조해서 도이체 방크 쿤스트할레라는 이름으로 2014년부터 전시를 재개했다. 이 비상설 전시회들은 독일 구겐하임의 전통을 계승한다. 베벨 광장에 가면 전시가 있는지 체크해보기를 권한다. 공간은 넓지 않지만 전시가 훌륭하며 관람객의 수준도 매우 높다. 1층에는 훌륭한 식사를 제공하는 좋은 카페가 있어서 주변을 관광하다가 쉬어가기에 좋은 장소로 추천한다.

베를린 국립 오페라극장 Staatsoper Unter den Linden

베벨 광장의 옛 이름이 오페라하우스 광장이었던 데서 알 수 있듯, 여기에는 유수의 오페라극장이 있다. 흔히 슈타츠오퍼 즉 베를린 국립 오페라극장이라고 부르지만, 정식 명칭은 운터 덴 린덴 오페라극장으로서 린덴오퍼Lindenoper라고도 부른다.

독일 최고의 계몽군주였던 프리드리히 대왕은 문명화된 궁정을 상징하고자 오페라극장을 설립하기로 했다. 그는 이탈리아에 신하를 보내서 가수들을 모으고, 1742년에 지금의 자리에 궁정 오페라극장을 개관했다. 1918년에 지금의 이름으로 바뀌었고, 동서로 분단되었을 때는 동베를린 지역이었기에 동독에서 극장을 운영했다. 이후 독일이 통일

베를린 국립 오페라극장

되면서 베를린은 슈타츠오퍼와 도이체 오퍼, 코미셰 오퍼까지 세 군데의 오페라극장을 거느리게 되었다. 이는 세계적으로도 드문 사례였다. 결국 과도하게 배정된 오페라 예산 때문에 정부와 시민사회는 세 개의 극장을 통합해야 하느냐 하는 문제로 끊임없이 논쟁을 벌였다. 결국 세 개의 오페라 극장은 한 재단으로 통합되었으며, 그러면서도 각자의 활동을 유지한다.

이 극장은 화재로 전소되었다가 건축가 카를 페르디난트 랑한스의 설계로 1843년에 재건축되면서 지금의 모습을 갖게 되었다. 내부는 명성에 비해 작은 편으로 1,300석 정도의 규모다. 이 극장은 오케스트라가 뛰어난 것으로도 유명하다. 독일을 대표하는 오케스트라인 이 악단은 1570년에 창단된 궁정악단을 계승하는데, 오페라를 연주할 때는 베를린 슈타츠오퍼로 불리우지만 다른 콘서트 때는 베를린 슈타츠카펠레 Staatskapelle Berlin라는 이름이 된다. 리하르트 슈트라우스, 빌헬름 푸르트벵글러, 오토 클렘페러, 브루노 발터, 클레멘스 크라우스 등 역사적인 지휘자들이 이 오케스트라의 음악감독을 맡았다. 특히 역사적인 20세기 오페라인 베르크의 『보체크』가 여기서 1925년에 초연되었다. 1992년부터 지휘자 다니엘 바렌보임이 음악감독을 맡아 30년 가까운 세월 동안 이 극장과 오케스트라를 이끌어왔다.

성 헤드비히 대성당 St. Hedwigs Kathedrale Berlin

베벨 광장 뒤편에 돔이 있는 건물이 성 헤드비히 대성당이다. 베를린에서는 흔치 않은 가톨릭 성당으로, 1773년에 신고전주의 양식으로 세워진 이곳은 프로이센 왕국 최고의 성당이었다. 현재는 베를린 대교구의 대주교가 거주하는 대성당이다. 음향이 좋아서 베를린 필하모닉 오케스트라를 비롯한 음악 단체나 카라얀 같은 지휘자들이 연주회나 녹음 장소로 애용했다. 많은 명반의 탄생지인 셈이다.

또한 이곳은 한 위대한 성직자로도 유명하다. 유대인을 살육하는 나치의 만행에 용감히 맞서서 항거했던 베른하르트 리히텐베르크 신부다. 그는 매일 이 성당에서 유대인을 위한 기도회를 열었다. 그는 가톨릭이면서도 유대인을 도왔으며, 장애인과 정신병자에 대한 나치의 말살에도 항의했다. 결국 그는 1941년에 나치에 의해 체포되었다가 강제수용소 이송을 앞두고 병세가 악화되어 1943년에 세상을 떠났다. 1996년 베를린을 방문한 교황 요한 바오로 2세는 그에게 '복된 순교자'라는 호칭을 내렸다. 정의롭고 축복받은 이 사제의 무덤이 성당 안에 있다.

호텔 드 롬Hotel De Rome

홈볼트 대학에서 베벨 광장을 바라봤을 때 광장의 맨 뒤에 있는 건물이다. 19세기에 드레스덴 은행을 위해 지어졌던 신고전주의 건물로서, 지금 봐도 은행의 중량감이 여전히 남아있다. 하지만 지금은 고급 호텔이 되었다. 과거에 은행이었던 만큼, 로비의 높은 천장과 육중한 기둥 등 인테리어가 인상적이다. 객실도 상당히 넓고 주위가 조용하다. 지하의 은행 금고가 있던 자리에는 스파와 수영장이 있는데, 금고와 금괴의 분위기를 재현했다. 베를린 국립 오페라극장이나 박물관 섬 등을 여행하기에 좋은 위치다.

훔볼트 대학 도서관

베벨 광장을 사이에 두고 국립 오페라극장 맞은편에 있는 큰 건물이 훔볼트 대학 도서관이다. 게오르크 웅거가 설계한 바로크 양식으로 1780년에 개관했다. 다른 곳에 새 건물이 있지만, 이 구관도 여전히 도서관으로 사용하고 있다. 내부 인테리어가 아름다운데, 특히 열람실이 인상적이다. 하지만 도서관 출입을 허락받은 사람만 들어갈 수 있다.

프리드리히스베르더 교회 Friedrichswerdersche Kirche

국립 오페라극장 뒤편에는 고딕 스타일의 검붉은 교회가 있다. 베를린의 대표적인 건축가인 카를 프리드리히 쉰켈의 작품인데, 주로 신고전주의풍의 장엄한 건물을 짓던 그는 이 교회를 베를린 최초의 신고딕 양식으로 설계했다. 1831년에 루터 교회로 문을 열었다.

들어가면 내부가 텅 비어있다. 2012년에 안전상의 문제가 발견되어 교회로서의 용도는 폐기되었고, 현재는 베를린 주립 박물관의 일부가 되어 전시장으로 쓰이고 있다. 덕분에 더 많은 이들이 이곳을 찾게 되었다. 좋은 전시가 자주 열린다. 붉게 치장된 실내가 인상적이다. 멋진 조각상들이 놓여 있는 1층에서는 기획전이 이루어진다. 발코니로 된 2층에는 건축가 쉰켈의 생애와 작업에 관한 전시를 하고 있다. 쉰켈의 건축에 관심이 있는 사람이라면 특별한 전시가 없어도 방문할 만한 곳이다.

카를 프리드리히 쉰켈

Karl Friedrich Schinkel, 1781~1841

인물

카를 프리드리히 쉰켈은 19세기 프로이센 왕국에서 가장 유명하고 중요한 건축가로서, 베를린을 비롯한 인근 지역에 명작 건물들을 많이 남겼다. 지금 우리가 베를린에서 보는 주요한 인상은 그에 의한 것이라고 해도 과언이 아니다.

그는 24세에 이탈리아를 여행하고 돌아와서 화가로서의 생활을 시작했지만, 전시회에서 카스파르 다비트 프리드리히의 걸작 「안개 위의 방랑자」를 보고는 화가를 포기하고 건축으로 진로를 바꾸었다. 하지만 그는 계속 그림을 그렸으며, 무대 미술도 그렸다. 특히 궁정 오페라극장을 위한 무대미술 작품을 18개 이상 제작했는데, 그중 『마술피리』 무대의 미술 컨셉트는 지금도 종종 차용된다.

나폴레옹 전쟁이 끝나자 그는 베를린 재건을 위한 건축위원회에 감독으로 선출되었다. 그때부터 그는 베를린의 건물들을 개축하는 방대한 도시 건설에 관여했다. 주로 고대 그리스에서 아이디어를 얻었던 그는 특히 아크로폴리스를 건축의 뿌리로 생각했다.

이후로는 프로이센 왕실로부터 절대적인 신임을 받아 왕실이 발주하는 건물들을 설계했다. 그 결과물이 베를린의 노이에 바헤, 샤우슈필하우스, 알테스 무제움, 슐로스 브뤼케 등이다.

쉰켈 파빌리온 Schinkel Pavilion

실험적인 현대미술 기획전을 위한 작은 예술 공간이다. 유리로 만들어진 넓은 팔각형 정자 같은 이 건물은 원래 쉰켈이 지었던 건물의 잔재 위에 1969년에 동독의 건축가 리하르트 파울리크가 설계하여 세운 것이다. 여행 기간에 어떤 전시가 열리는지 알아보자.

피에르 불레즈 잘 Pierre Boulez Saal

국립 오페라극장 뒤편을 혼자서 산책하던 중이었다. 그러다가 어떤 글씨를 보고 깜짝 놀랐다. 베를린에 대해서 알만큼은 안다고 자신할 때였으니 놀라움은 더했다. 베를린에 오지 않았던 두 해 동안에 새로운 일이 벌어졌던 것이다. 한 건물 앞에 '바렌보임-사이드 아카데미Barenboim-Said Academie'라고 적혀 있었다. 아니, 바렌보임-사이드 아카데미가 발족은 했다지만, 언제 이런 건물을 가지고 있었지? 그런데 같은 건물의 반대편에는 또 다른 글씨가 보였다. 이번에는 '피에르 불레즈 잘'이다.

문을 밀고 들어갔다. 완전히 현대식으로 꾸며진 실내에 악기 케이스를 든 젊은이들이 모여서 환담을 나누고 있었다. 영상이나 공연에서 보았던 낯익은 얼굴들이었다. 웨스트 이스턴 디반 오케스트라West Eastern Divan Orchestra, 즉 서동시집 악단의 멤버들이었다. 직원으로 보이는 사람이 보여서 그에게 물어볼까 하고 망설이는데, 그가 먼저 다가왔다. 그는 머뭇거리는 나를 보고 "2층, 3층도 돌아봐요"라고 친절하게 말해주었다. 그에게 상세한 이야기를 들었다. 이곳은 바로 세계적인 지휘자 다니엘 바렌보임이 세운 바렌보임 재단과 바렌보임-사이드 아카데미가 입주해 있는 곳으로, 바로 전 해에 문을 열었다는 것이었다.

팔레스타인인으로 콜롬비아 대학의 교수이자 사상가였던 에드워드 사이드는 1992년 런던의 한 호텔 로비에서 유대인 지휘자인 다니엘 바렌보임과 우연히 마주쳤다. 이 순간이 두 사람이 팔레스타인과 이스라엘의 젊은이들을 모아서 만든 서동시집 오케스트라의 시작이었다. 적대 국가의 젊은이들이 함께 모여 연주하면서 상대방을 이해할 수 있게 한 이 악단의 인류애적인 시도는 정치가들이 할 수 없었던 일을 예술이 할 수 있음을 보여준 사례로 유명해졌다. 2012년에는 스무 살이 된 이 악단을 영구 재단으로 만들기 위해 바렌보임-사이드 아카데미가 출범했다. 그리고 그들은 보금자리를 물색했다.

베를린 국립 오페라극장의 음악감독으로 오랫동안 재직한 바렌보임은 오페라극장 뒤편의 오래된 건물을 구입해 보수했다. 건축가 프랭크 게리는 건물 내부의 공연장을 설계해주었다. 프랑스의 현대음악 작

피에르 불레즈 잘

곡가 겸 지휘자의 이름을 따서 피에르 불레즈 잘로 명명된 이 공연장은 그때까지의 공연장의 개념을 바꾸었다. 타원형의 실내 구조는 마치 체육관과 같아서 따로 무대나 객석의 방향이 정해져 있지 않고, 바닥에 자리한 연주자들은 원하는 방향으로 연주할 수 있다. 음향은 일본의 세계적인 음향전문가 도요타 야스히사가 맡았다. 게리와 도요타 두 사람은 모두 바렌보임의 의향을 존중하여 개런티를 받지 않았다. 이곳에는 불레즈 잘 외에도 아카데미 학생들을 위한 21개의 연습실과 도서관, 카페 등이 들어있다.

불레즈 잘은 이 지역의 양대 공연장, 즉 국립 오페라극장과 콘체르트하우스 사이에 위치한다. 불레즈 잘에서 두 공연장까지는 걸어서 각기 5분 정도의 거리다. 이로써 이 지역의 음악 트라이앵글이 형성되었다.

슐로스 다리 Schloßbrücke

운터 덴 린덴이 끝나면 다리가 이어진다. 워낙 폭이 넓어서 다리인 줄 모르고 지나칠 수 있다. 양편으로 각기 네 개씩의 조각상이 난간 위에 서 있는 이 다리는 카를 프리드리히 쉰켈이 설계해 1824년에 개통한 명작이다. 폭이 33미터에 달하여 마차 일곱 대가 나란히 지나갈 수 있는 넓이였다. 옆에서 보면 세 개의 아치로 이루어져 있으며, 각 아치를 받치는 기둥마다 양편에 여덟 개의 신상神像 조각이 세워져 있다. 이 조각들은 조각가 프리드리히 볼프 등이 만든 작품으로, 기단에 이름과 연도가 새겨져 있다.

다니엘 바렌보임

Daniel Barenboim, 1942~

인물

다니엘 바렌보임은 부에노스아이레스에서 태어났다. 러시아계 유대인인 부모는 모두 피아니스트여서 어린 시절 그의 집은 음악가들의 사랑방이었다. 어려서부터 자연스럽게 피아노를 잘 쳤던 그는 유대인 천재 음악가의 엘리트 코스를 그대로 밟았다. 그는 당대에 가장 뛰어난 영재 피아니스트로 유명해졌고, 20세 이후에는 지휘를 병행하면서 일찌감치 성공을 거두었다. 그만큼이나 유명했던 젊은 첼리스트 자클린 뒤 프레와의 결혼은 잘 알려진 사실이다. 그리고 이어지는 그녀의 투병과 이별과 죽음도.

하지만 그는 그런 난관을 이겨내고 33세에 파리 오케스트라의 음악감독으로 취임했다. 이후 시카고 심포니를 거쳐 1992년에는 베를린 슈타츠오퍼의 음악감독이 되었다. 동시에 밀라노의 라 스칼라 극장 음악감독을 맡기도 했다.

그의 중요한 업적 중 하나가 도전적인 태도다. 그는 에드워드 사이드와 함께 서동시집 오케스트라를 창설했다. 정치적 대립관계인 이스라엘과 팔레스타인의 젊은 음악가들을 한데 모은 이 악단은 예술을 통해 희망을 얻을 수 있다는 가능성을 보여주었다. 사이드가 백혈병으로 죽은 이후에 바렌보임-사이드 아카데미를 만들었으며, 이때 베를린에 불레즈 잘을 열었다.

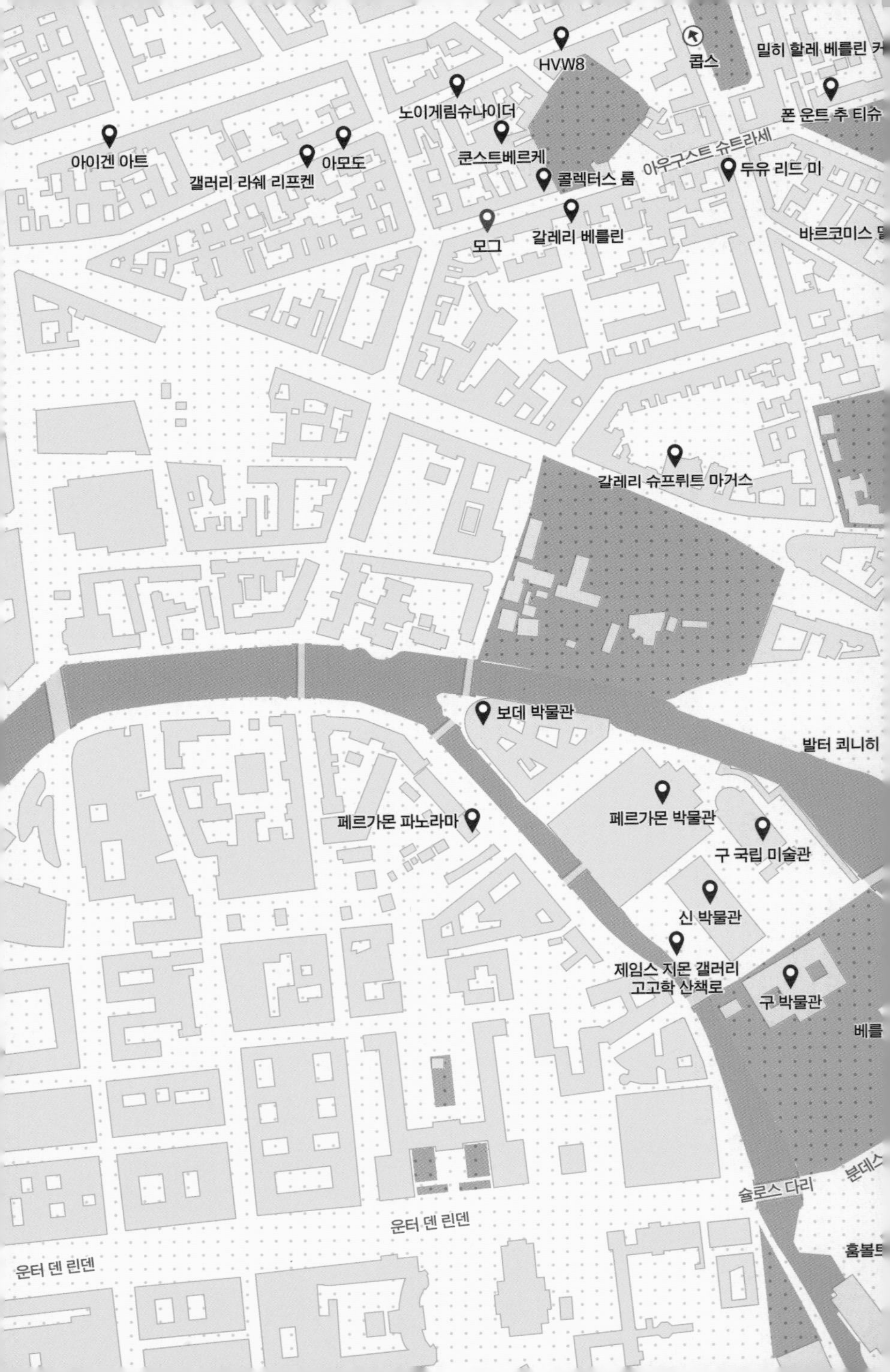

HVW8
콥스
밀히 할레 베를린 카
노이게림슈나이더
폰 운트 추 티슈
아이겐 아트
아모도
쿤스트베르케
갤러리 라쉐 리프켄
아우구스트 슈트라세
두유 리드 미
콜렉터스 룸
모그
갈레리 베를린
바르코미스 델
갈레리 슈프뤼트 마거스
보데 박물관
발터 쾨니히
페르가몬 박물관
페르가몬 파노라마
구 국립 미술관
신 박물관
제임스 지몬 갤러리
고고학 산책로
구 박물관
베를
슐로스 다리
분데스
운터 덴 린덴
운터 덴 린덴
훔볼트

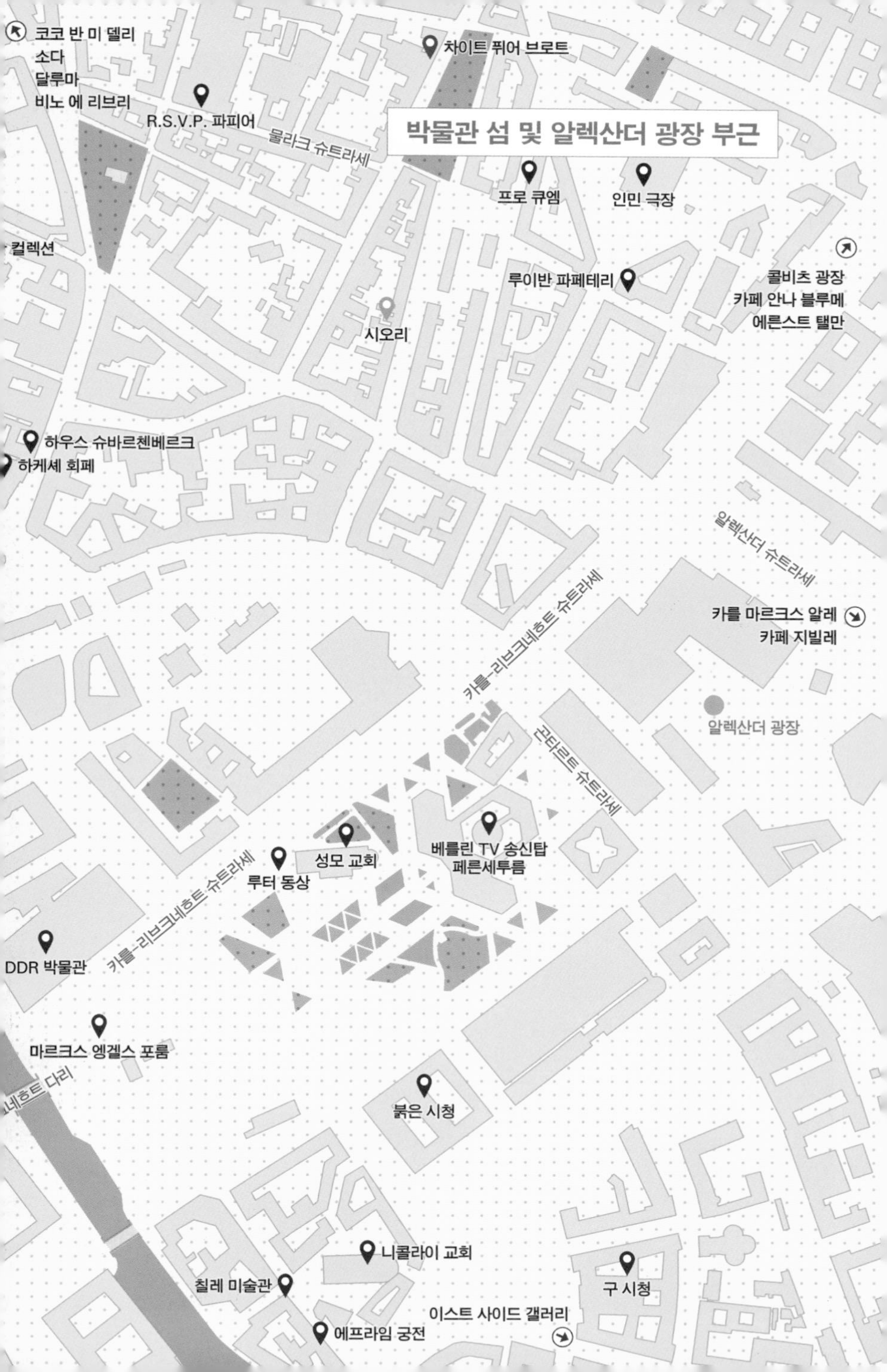
박물관 섬 및 알렉산더 광장 부근
코코 반 미 델리
소다
달루마
비노 에 리브리
R.S.V.P. 파피어
차이트 퓌어 브로트
물라크 슈트라세
프로 큐엠
인민 극장
컬렉션
루이반 파페테리
콜비츠 광장
카페 안나 블루메
에른스트 탤만
시오리
하우스 슈바르첸베르크
하케셰 회페
알렉산더 슈트라세
카를-리브크네히트 슈트라세
카를 마르크스 알레
카페 지빌레
알렉산더 광장
군터르트 슈트라세
베를린 TV 송신탑
페른세투름
성모 교회
루터 동상
카를-리브크네히트 슈트라세
DDR 박물관
마르크스 엥겔스 포룸
네히트 다리
붉은 시청
니콜라이 교회
칠레 미술관
구 시청
이스트 사이드 갤러리
에프라임 궁전

박물관 섬

박물관 섬, 무제움 인셀Museumsinsel

이곳은 섬 하나가 온통 박물관으로 이루어진 곳으로, 무제움 인셀 즉 '박물관 섬'이라고 부른다. 베를린 시내를 가로지르는 슈프레강의 가운데에 서울의 여의도 같은 섬이 있는데, 정식 이름은 슈프레섬Spreeinsel이다. 그런데 그 섬의 북쪽 절반 전체가 다양한 박물관으로 꾸려진 것이다. 역사나 미술에 관심이 있는 사람에게는 그야말로 '보물섬'이다.

처음 박물관 섬에 가면 가슴이 설렌다. 박물관 건물들의 빼어난 위용이 여행객들을 엄숙하게 만들고 경외심을 불러일으킨다. 세계에서 온 관광객들은 지도를 들고 순례자처럼 줄을 서서 섬 안의 여러 박물관들을 돌게 된다. 실제로 '박물관 섬 티켓'이 있어서 티켓 하나로 하루 종일 섬 내의 모든 박물관을 다 돌아볼 수 있다. 그런데 나의 경험상 이 티켓은 함정이다. 여기의 박물관들은 상당히 중요하고 내용도 방대한데, 티켓은 보통 당일권이다. 그래서 사람들은 하루 안에 다 봐야 한다는 생각 때문에 강박적으로 빨리 이동하게 된다. 그러면 여유가 사라지고 비굴해지며 제대로 보지도 못한다. 게다가 보행자의 교통체증까지 유발한다. 그러니 한두 곳을 놓쳐도 내일 보면 된다거나, 다 못 봐도 괜

박물관 섬

찮다는 마음가짐이 필요하다. 단 한 곳의 박물관, 단 하나의 작품이라도 제대로 보고 진정으로 감동하는 쪽이 좋지 않을까 싶다.

이곳은 세계적으로 손꼽는 박물관 복합지역이다. 페르가몬 박물관, 구 박물관, 신 박물관, 구 국립 미술관, 보데 박물관이 5대 대형 박물관을 구성하며, 제임스 지몬 갤러리와 훔볼트 포룸이 최근에 문을 열었다. 섬의 중앙부에는 랜드마크 구실을 하는 거대한 베를린 돔이 있다. 박물관 섬의 북쪽 지역은 세계문화유산으로 지정되어 있다. 반면 '어부의 섬Fischerinsel'이라고도 불리는 남쪽 지역에는 과거 프로이센의 왕궁인 베를린 궁전이 있었는데, 요즘에는 현대식 아파트들이 들어서고 있다.

박물관 섬은 1797년에 고고학자 알로이스 히르트의 제안으로 시작되었다. 빌헬름 훔볼트가 감독을 맡으면서 섬 전체의 건축 계획이 수립되고 전시물이 수집되었으며, 이때 프로이센 왕실은 그들이 수집했던 엄청난 수집품들을 모두 기증했다.

제임스 지몬 갤러리James Simon Gallery, 고고학 산책로Archaeologische Promenade

고색창연하고 시커먼 건물들로 가득한 박물관 섬의 서쪽 연안에 하얀 석재가 반짝이는 현대적 건물이 들어섰다. 신 박물관의 개조를 맡았던 영국 건축가 데이비드 치퍼필드가 설계한 새로운 방문자 센터로, 박물관 섬 최고의 후원자였던 헨리 제임스 지몬의 이름을 따서 제임스 지몬 갤러리로 명명되었다. 여기에서 오스발트 웅거스가 설계한 지하 통로인 고고학 산책로를 통해 여러 박물관으로 쉽게 접근할 수 있다.

제임스 지몬

Henri James Simon, 1851~1932

인물

제임스 지몬은 베를린의 부유한 유대인 상인 가문에서 태어난 사업가로서, 고고학 분야에 큰 기여를 했다. 그는 25세에 이미 아버지 기업에 참여해 면화 무역으로 성공했다. 베를린의 상류사회에서 영향력이 있는 인물이 된 그는 독일 황제 빌헬름 2세의 원탁회의에 참석하는 기업가의 한 사람이었다. 그는 황제에게 유대인과 유대인 사회에 관해 좋은 이미지를 심어 주었다. 하지만 그런 모습 때문에 베를린의 보수적인 유대인들로부터 '황제 유대인'이라는 비난을 듣기도 했다.

그와 빌헬름 2세의 공통 관심사는 고고학이었다. 그는 유명한 큐레이터인 빌헬름 폰 보데와 함께 1898년에 독일 동방 협회를 창설해서 중동 지방 고고학 연구의 구심점을 만들었다. 지몬은 독일 학술단의 중동 및 이집트 발굴에 거액의 자금을 지원함으로써 수차례의 대규모 발굴을 성공시켰다. 하지만 그의 공격적인 발굴 방식과 발굴 유적을 독일의 소유로 만드는 협상 자세 등은 비난을 받았다.

그는 여러 박물관들을 설립할 때에 자신의 많은 소장품을 헌납했다. 신 박물관에 있는 네페르티티 조각상 역시 그가 기증한 것이다. 이제 그는 최고의 고고학 후원자이자 인종을 넘어선 박애주의자로 평가받는다.

제임스 지몬 갤러리

그러나 제임스 지몬 갤러리와 고고학 산책로는 진입로나 통로의 역할만 하는 게 아니다. 이곳은 박물관 섬의 제6 박물관이기도 하다. 즉 이동 공간이 전시 공간을 겸하고 있다. 여러 박물관을 교차하는 통로가 시대와 지역을 이어주는 통합의 장이 된 것이다. 내부에는 미디어 센터, 강당, 상점 및 식당이 있다.

페르가몬 박물관 Pergamon Museum

박물관 섬의 여러 박물관들 중에서 첫 방문지로는 페르가몬 박물관을 선택하기를 권한다. 그 만남의 감동은 수십 년을 갈 것이다. 입구에 많은 사람들이 줄 서 있는데, 마치 정부기관을 방문한 듯한 검색 절차를 겪다 보면 '여태 접해보지 못한 세상으로 들어가는' 듯한 기분이 든다.

페르가몬 박물관

건물의 외양부터 압도적이다. 이곳을 한마디로 소개하면 중동 지역에서 출토된 고대 유물의 전시장이다. 들어가서 가장 먼저 만나는 전시실이 가장 놀라운 공간으로, 바로 이 박물관의 이름이 된 페르가몬 제단이다. 도시 하나를 거의 다 옮겨온 듯한 모습은 보는 이에게 수천 년을 거슬러 올라간 것 같은 감동을 안겨준다. 고대인들의 건축술이 아찔할 정도로 매력적이다. 이어서 그 많은 유물을 통째로 여기에 옮겨온 독일인들의 행위에 대한 복잡한 심정이 더해지면서, 경악과 감동과 분노의 소용돌이 속에 한참 서 있게 된다.

처음 이 박물관이 계획된 것은 1904년이었다. 당시는 중동 지역, 특히 고대 바빌론과 이집트에 관한 고고학적 발굴이 한창 진행되던 중이었다. 발굴 작업의 주도권을 쥐고 있었던 독일 정부의 발굴단은 많은 유적들을 독일로 보낼 예정이었다. 특히 페르가몬 제단의 엄청난 크기는 새로운 전시 공간을 필요로 할 정도였다. 훗날 보데 미술관의 초대 관장이 되는 빌헬름 폰 보데의 제안으로 미리 준비한 페르가몬 제단 전시 공간이 바로 페르가몬 박물관이다. 내부는 몇 부분으로 이루어져 있는데, 가장 중요한 부분은 앞서 말한 페르가몬 제단이다. 그 외에 밀레투스의 시장 문, 이슈타르의 문, 므샤타 등의 거대한 유적 집단으로 나누어져있다.

페르가몬 제단

기원전 2세기 고대 그리스 문화의 유적으로, 지금의 터키에 있는 작은 마을 베르가마 인근에 위치했던 페르가몬 왕국에서 제우스를 모시던 제단이다. 이곳을 발굴하여 제단의 전면부를 거의 그대로 독일로 옮겨

페르가몬 제단

온 것이다. 장엄한 전체 구조와 세부의 아름다움은 형언하기 어렵다. 박물관의 넓은 실내에 세워진 제단은 직접 계단을 밟고 올라갈 수 있기 때문에 몸으로 감동을 체험할 수 있다. 2중으로 늘어선 60여 개의 기둥은 화려하고 장대하다. 기단 벽에 만들어진 프리즈는 길이가 113미터에 이르는데, 인간과 거인과 신의 결투를 생동감 넘치게 나타내고 있다. 당시 문화재에 관심이 덜했던 터키 정부로부터 반출 허락을 받았다지만, 지금은 터키에서 반환을 요구하고 있어서 민감한 국제적 사안이 되었다. 우리와도 관련 있는 문화재 반환과 관련된 유명한 사례로 꼽힌다. 결국은 욕심을 버리지 못하는 인간의 문제가 아닐까.

므샤타

다음 전시실에는 므샤타Mshatta가 있다. 8세기경 요르단의 암만 남쪽에 지어진 궁전의 외벽을 오스만의 술탄 압둘 하미드 2세가 독일의 황제 빌헬름 2세에게 통째로 선물한 것이다. 원형 그대로 설치되어 있어서 테라스에 직접 올라가서 체험할 수 있다.

밀레투스 시장 문

므샤타의 맞은편에도 작은 도시가 서 있다. 밀레투스 시장 문Das Markttor von Milet은 2세기경 터키의 고대 도시 밀레투스Miletus에 있었던 시장의 입구였다. 독일의 발굴단이 그 파편들을 발굴해서 1911년에 베를린으로 가져와 다시 세웠다. 이 작업은 세계적인 찬사와 비난을 함께 받았는데, 그에 아랑곳하지 않고 지금까지 서 있다. 거대한 문은 좌우 30미터에 높이 16미터인데, 코린트식 기둥을 중심으로 복잡하게

밀레투스 시장 문

설계되어 있다. 무려 750톤의 파편 조각들을 레고 블록을 쌓듯이 5년간 맞추어 조립했다고 한다.

이슈타르 문

이슈타르Ishtar 문은 고대 바빌론의 도성都城에 있었던 문으로, 575년에 바빌론의 왕 느부갓네살 2세가 세웠다. 문의 바깥쪽은 벽처럼 만들어져서 의식을 위한 행렬로를 이루었다. 유약을 바른 진흙 벽돌로 만들어졌는데, 독특한 청금색을 띠는 벽돌에는 신상과 동물들이 그려져 있다. 이 역시 독일 발굴단이 발굴해서 자국으로 반출한 뒤 1930년에 벽돌 파편들을 일일이 맞춘 것으로, 고고학 역사상 가장 복잡한 작업 중의 하나로 꼽힌다. 이슈타르의 유적이 이렇게 완벽한 구조를 갖춘 곳은 이곳이 유일하다. 정작 이라크에 있는 본래의 도시 터에는 복제품이 세워져 있다.

페르가몬 파노라마 Pergamon Panorama

박물관 섬이 아니라 슈프레강 너머에 세워진 새로운 건물이다. 야데가르 아시시가 설계한 이 현대식 건물의 가장 중요한 전시물은 페르가몬 제단이 있던 고대 도시 베르가마를 컴퓨터그래픽을 통하여 재구성한 것이다. 전망대로 올라가면 주변 전체에 컴퓨터그래픽으로 구현된

페르가몬 파노라마

고대 도시가 펼쳐진다. 24시간의 변화 속에서 고대 도시의 풍경과 시민의 생활상을 마치 하늘에서 신이 내려다보듯이 감상할 수 있다. 페르가몬 제단을 비롯해 트라야누스 제단, 도서관, 야외극장 등이 생생하게 표현되어 있다. 페르가몬 박물관의 감동을 극대화하고자 만든 것인데, 실제 느껴지는 감동은 상상 이상이다. 그 외에도 몇 개의 방이 있는데, 다들 첨단 과학기술을 이용해 효과적인 전시를 보여준다.

구 박물관Altes Museum

박물관 섬의 베를린 돔 앞에 펼쳐진 잔디밭이 루스트가르텐Lustgarten이다. 여기에는 90미터에 달하는 공간에 18개의 이오니아식 기둥들이 자리한 정면을 자랑하는 당당한 건물이 있다. 알테스 무제움, 즉 구舊 박물관이다. 카를 프리드리히 쉰켈이 설계한, 고대 그리스 신전을 연상시키는 이 신고전주의 건물은 1824년에 고대 유물을 전시하기 위한 왕립 박물관Königliches Museum으로 개관했다. 안으로 들어가면 그리스 고전 건축이 어떻게 독일에 이식되었는지를 느낄 수 있다. 근엄하면서도 아름다운 건물이다. 전시장을 돌아다니다 보면 유물이 선사하는 감동은 물론, 건물이 갖고 있는 기능성과 친절함 그리고 그 안에 배어 있는 왕가의 기품이 선사하는 감동도 느낄 수 있다. 1845년에 노이에스 무제움, 즉 신新 박물관이 완공됨에 따라 알테스 무제움으로 개명되었다.

건물의 중심부에 이르면 네모반듯한 겉모습으로는 짐작도 할 수 없었던 둥근 천개天蓋를 가진 방이 나타난다. 로마의 판테온을 본뜬 것인데, 이 박물관에 가장 적합한 형태가 아닐까 싶다. 많은 석상으로 둘러

FRIDERICVS GVILELMVS III STVDIO ANTIQVIT
Altes Museum
ITALIA ANTIQUA
ETRUSKER
RÖMER
IN BERLIN

NIGENAE ET ARTIVM LIBERALIVM MVSEVM CONSTITVIT MDCCCXXVIII
구 박물관

구 박물관 내부

싸인 이 공간은 감동으로 다가온다. 고대 그리스의 헬멧과 로마의 카이사르 석상 등 프로이센 왕실이 수집한 고대의 컬렉션이 방대하게 전시되어 있다.

신 박물관 Neues Museum

노이에스 무제움은 신 박물관이라는 뜻으로, 알테스 무제움에 이어서 1859년에 완공되었다. 쉰켈의 제자 프리드리히 아우구스 슈튈러가 설계한 이 건물의 신고전주의적 실내 구조는 독일의 주요 건축 유산으로 손꼽힌다. 2차 대전이 시작되자 신 박물관은 소장품을 대피시키고 문을 닫았다. 이후 건물은 베를린 공습 때 크게 파괴되었지만, 유물

신 박물관 내부

들은 안전하게 보존되었다. 건물의 복구는 독일 통일 이후에야 이루어졌고, 2009년에 영국의 건축가 데이비드 치퍼필드의 설계로 다시 문을 열었다,

치퍼필드가 복원한 건물의 웅장함과 세련됨을 즐겨 보자. 전시물은 선사시대 유물들과 고대 이집트 컬렉션이 주를 이룬다. 가장 유명한 것은 이집트의 전설적인 여왕 네페르티티의 흉상이다. 방 하나를 혼자 차지하고 있는 기원전 13세기의 흉상은 고대 미인의 완벽한 규범을 보여주는데, 제임스 지몬이 기증한 것이다. 메르켈 총리의 표현대로 "유럽에서 가장 잘 지어지고 높은 이상을 구현하는, 유럽문화사에서 가장 중요한 박물관"이다.

DER DEUTSCHEN KUNST MDCCCLXXI
Alte National-galerie
Alte National-galerie

구 국립 미술관

구 국립 미술관 Alte Nationalgalerie

멀리서 보면 달려가 보고 싶은 건물, 가까이서 보면 경외심이 드는 건물. 이런 효과를 달성했다면 건축가로서 최고의 업적을 이룬 것이 아닐까? 건축물의 경우, 아무리 좋은 설계도와 미니어처를 보더라도 실제로 봤을 때의 감흥을 느낄 수는 없다. 그 느낌은 오직 실제로 봤을 때만 알 수 있다. 구 국립 미술관, 즉 알테 나치오날 갈레리의 건물은 어떤 미술품보다도 미술적이다. 높은 제단 위에 올라선 붉은 파르테논 신전 같다. 아테네의 진짜 파르테논은 산 위에 있어서 높아 보일 뿐 건물 자체는 높지 않은 단 위에 있지만, 이 미술관은 아예 본체만큼이나 높은 건물 위에 세워져 있어서 풍모부터 압도적이다. 하지만 방문객은 위에 있는 본체가 아니라 1층에 난 문으로 들어간다. 단순하며 정갈한 흰 홀이 나타난다. 왼편에 있는 비대칭 계단실은 육중한 겉모습과는 대조적으로 사람을 편안하게 만든다. 단순, 정갈, 우아함이 주는 실내의 아름다움이 놀랍다.

알테 나치오날 갈레리는 프리드리히 아우구스트 슈튈러의 설계로 1876년에 완공된 근대 미술관이다. 한 번만 봐도 잊을 수 없는 인상적인 회화들과 조각품이 당신을 기다리고 있다. 마네, 모네 등의 프랑스 인상파와 함께 독일, 오스트리아, 스위스의 상징주의 및 표현주의 작품들이 주종을 이룬다. 방문객을 가장 먼저 맞이하는 흰 방에 있는 대리석 조각들부터가 너무 아름답고 섬세해서 말문이 막힌다. 무엇보다도 눈에 띄는 것은 순백의 두 소녀가 서로 껴안고 있는 대리석상이다. 머리카락과 레이스까지 살아있는 듯한 두 소녀가 내뿜는 고아한 향기에는 경의를 표하지 않을 수 없다. 이것은 요한 고트프리트 샤도의

「두 공주」다. 이 2중 초상 조각의 주인공은 프로이센의 프리데리케 황태자비와 그녀의 동생으로 역시 왕자비가 되는 루이제 자매다.

이제 순로順路를 따라 걸어가면 모든 방에서 이런 감동을 경험할 것이다. 감동의 크기는 얼마나 여유를 갖고 시간을 투자하느냐에 달려있다. 여기서는 네 점의 그림만 소개한다. 먼저 나타나는 인상적인 그림은 아돌프 멘첼의 「상수시 궁전의 음악회」다. 이 섬세한 그림의 가운데에서 플루트를 부는 남자가 프리드리히 대왕이다. 스스로 연주를 즐겼던 계몽군주를 잘 나타낸 명작이다. 베를린을 건설한 대왕의 인간적인 면모를 느끼게 된다.

내가 가장 즐기는 그림은 안톤 폰 베르너의 「파리 교외의 숙영」이다. 파리를 점령한 독일 군인들이 한 저택에 들어와 저녁을 보내는 장면이다. 피아노를 발견한 병사들은 감흥을 이기지 못하고 노래를 부른다. 한 병사는 피아노를 연주하고 다른 병사는 고향의 노래를 부른

안톤 폰 베르너의
「파리 교외의 숙영」

다. 다른 군인은 향수에 빠지고, 또 다른 이는 하녀에게 수작을 걸고 있고, 하인은 장작을 땐다. 전쟁 중이지만 얼마나 아름답고 여유 있는 모습인가? 전쟁 중에도 마음 한구석에서는 예술의 나라인 조국 독일을 그리워했던 그들은 음악을 즐길 줄 안다. 그들은 몇 개월 동안 얼굴에 맞았을 세찬 바람과 오랜만에 맛본 프랑스 와인 때문에 다들 두 뺨이 빨갛다. 나는 이곳에 오면 한참 이 그림 앞에 선다. 그러면 그림에서 슈만의 가곡이 들려오는 것만 같다. 나는 이 그림을 보는 것이 아니라 매번 듣는다.

다음은 카스파르 다비트 프리드리히의 「바닷가의 수도사」다. 상당한 면적을 자랑하는 이 그림은 제목 때문에 배경이 바다라는 사실은 알 수 있지만, 남자의 모습은 아주 작게 그려져 있다. 무엇을 말하려는 것일까? 세상의 거대한 관념과 체제와 편견에 맞서는 초라한, 하지만 당당한 근대적 인간의 모습이 아닐까? 그는 분명 관습에 순종하기만 하는

카스파르 다비트 프리드리히의 「바닷가의 수도사」

수도사는 아닐 것이다. 이 그림은 이런 미술관을 지었던 계몽시대의 근대적 정신을 화폭에 구현한 것이다.

하지만 나를 더 세게 붙잡는 그림이 있다. 아르놀트 뵈클린의 「망자亡子의 섬」이다. 이 그림을 보면 누구나 섬뜩함과 함께 가슴이 먹먹해지는 감동을 느낄 것이다. 한 방의 한 벽을 뵈클린의 그림들이 채우고 있는데, 대부분이 소리를 회화로 묘사한 것들이다. 그중에서도 압권이 이 「망자의 섬」이다. 넓은 호수 가운데에 섬이 있다. 절벽으로 둘러싸인 이 작은 섬은 오직 죽음만을 위한 곳으로, 묘지를 연상시키는 숙연함과 고요함이 맴돈다. 작은 배가 이 섬에 다가가는데, 배에는 관을 싣고 떠나보내는 사람이 서 있다. 약간 고개를 숙인 여성은 뒷모습만으로도 슬픔이 느껴진다. 망자를 보내는 장면을 이보다 강렬하게 그릴 수 있을까? 그림에서 바그너의 『신들의 황혼』에 나오는 「장송 행진곡」이 들려온다. 「망자의 섬」 시리즈는 대여섯 개 정도 되는데, 그중 여기 있는 작

아르놀트 뵈클린의 「망자의 섬」

품이 최고로 꼽힌다. 파트리세 셰로가 연출한 『니벨룽의 반지』 공연 영상을 보면 브륀힐데가 누워 있는 산의 모습이 이 그림과 구도가 같다. 라흐마니노프도 이 작품에 감동을 받아 교향시 「망자의 섬」을 작곡했다. 음악이 그림이 되고, 그림에서 음악이 만들어지는 곳. 그림에서 음악이 들리는 곳. 이곳이 베를린이다.

보데 박물관 Bode Museum

슈프레강을 따라가던 보트 앞에 크고 검은 석조건물이 나타난다. 오랜 역사와 내공이 느껴지는 건물이다. 전면부는 쐐기 형태이며 위에는 둥근 돔이 얹혀 있다. 그 돔은 강을 두 갈래로 나눈다. 도리스 되리 감독의 영화 「사랑 후에 남겨진 것들」에서 베를린에 온 노부부가 보트를 타고 슈프레강 투어를 하는 장면이다. 그 장면을 보던 나는 사무치는 향수를 느꼈다. 내 고향도 아닌데, 그때 느꼈던 그리움은 지금도 생생하다.

그 장면에 나온 건물은 보데 박물관이다. 박물관 섬의 여러 박물관 중에서 맨 북쪽에 있어서 북쪽에서 배를 타고 섬으로 접근할 때 가장 먼저 보이는 곳이다. 영화에서 보았던 기억 때문인지, 나는 이 섬의 박물관 중에서 보데 박물관만큼 아름다운 건물은 없다고 생각한다.

안으로 들어가면 밖에서 본 것 이상의 감동을 얻을 수 있다. 격조 넘치는 실내는 전시물로 눈을 돌리기 이전에 공간 자체로 방문객을 압도한다. 입구의 둥근 전실前室부터가 이미 힘을 지니고 있다. 양쪽으로 둥글게 올라가는 계단은 건축가와 의뢰인의 품격마저 느끼게 해준다. 계단을 올라가면 밝은 레스토랑이 나온다. 아침에 들어가면 아무도 없다.

BODE-MUS

보데 박물관

구경은 미루고 여기 앉아 햇살과 커피를 즐긴다. 레스토랑과 이어진 전시실들이 양편으로 늘어서 있다.

보데 미술관은 에른스트 폰 이네가 신바로크 양식으로 설계해서 1904년에 개관했다. 비대칭 삼각형이라는 불편한 입지에도 불구하고 아름다운 건물을 지은 데에 감탄하지 않을 수 없다. 원래의 명칭은 프리드리히 황제 박물관이었는데, 동독 정부가 세계 최초의 큐레이터이자 박물관의 초대 관장이었던 빌헬름 폰 보데를 기념하여 1956년에 개명했다.

보데 미술관은 중세 미술품 즉 비잔틴, 고딕, 르네상스와 바로크 시대의 미술품을 전시하고 있다. 그중 잘 알려진 것은 니클라스 게르헤르트 반 레이던의「단골스하임의 성모 마리아와 아기 예수」다. 아이를 안은 어머니가 앉지 않고 서 있는 모습은 줄곧 일하던 우리 어머니들을 연상시키며, 채색한 목각상의 느낌도 좋다. 한스 라인베르거의「슬픔에 빠진 그리스도」 역시 목각상 특유의 따뜻함이 각별하다. 이들을 비롯해 조각이 특별히 많은 곳이지만 회화와 공예품들도 많다. 동전 컬렉션도 유명하다.

베를린 돔 Berliner Dom

박물관 섬에서 눈에 띄는 거대한 돔이다. 돔이란 둥근 천장이라는 뜻 외에도 대교구청이라는 뜻으로도 쓰인다. 즉, 이곳은 베를린 대성당이다. 1454년에 지어졌을 때에는 가톨릭교회였지만, 종교개혁 이후에 루터 교회로 바뀌어 지금은 독일 개신교단을 대표하는 교회가 되었다. 증축과 개축을 반복하다가 1905년에 신르네상스 양식으로 대폭 개축되

베를린 돔

베를린 돔 내부

었지만 2차 대전 때에 파괴되었고, 1993년에 현재 모습으로 마무리되었다. 무엇보다도 압도적인 크기가 이 교회의 특징이다. 면적은 세로가 114미터에 가로로 73미터이며 높이는 116미터로, 로마의 베드로 대성당에 비견할 수 있다. 지하에는 규모가 큰 묘지가 있다.

훔볼트 포룸 Humboldt Forum, 구 베를린 궁전 Berliner Schloss

운터 덴 린덴에서 슐로스 다리를 건너 박물관 섬으로 들어가면 왼편에 박물관 지역이 펼쳐진다. 그 반대쪽인 오른편에는 커다란 건물이 서 있다. 본래 이곳은 프로이센 왕실의 궁전으로서, 오랫동안 베를린에서 가장 큰 건물이었던 베를린 궁전이 있던 자리다. 1702년에 안드레아스 슐뤼터 등이 바로크 양식으로 지은 이 궁전은 바이마르 공화국이 세워진 후에는 베를린 궁전 박물관Schlossmuseum Berlin으로 사용되었다. 2차 대전 때에 파괴되었고, 동독 정부는 이를 제국주의의 잔재라며 철거했다(이 작업은 당시에 국제적인 비난을 받았다). 대신에 동독은 1976년에 그 자리에 공화국 궁전Palast det Republik을 지었다. 유리와 철골을 주로 사용한 이 현대식 건물은 통일될 때까지 인민회의장으로 사용되었다.

하지만 통일 이후에 공화국 궁전은 처치곤란한 건물이 되었다. 역사성이 있는 것도 아니고, 예술적으로 가치 있는 건물도 아니었다. 논쟁 끝에 결국 공화국 궁전은 철거되었고, 그 자리에는 과거의 베를린 궁전을 재건하기로 했다. 이 새 건물은 2019년 9월에 베를린 궁전이 아니라 훔볼트 포룸이라는 이름의 박물관으로 개관했다. 훔볼트 포룸은 독일 최대의 박물관 프로젝트다. 이로써 박물관 섬의 박물관 지역은 섬 남쪽으로 확장되었다. 박물관의 이름은 위대한 훔볼트 형제의 이름을 딴 것으로, 이 지역이 문화와 인문의 새로운 중심으로 자리 잡기를 바라는 의미가 담겨 있다. 전시물들은 베를린에 원래 있었던 민족학 박물관과 아시아 미술 박물관의 전시물들을 이전한 것이다.

알렉산더 광장 부근

마르크스 엥겔스 포룸 Marx Engels Forum

박물관 섬을 뒤로 하고 리브크네흐트 다리Liebknechtbrücke를 건너면 녹지 광장이 나타난다. 『공산당 선언』의 공동 저자인 카를 마르크스와 프리드리히 엥겔스를 기리기 위한 마르크스 엥겔스 포룸이다. 두 사람을 함께 담은 동상에서 앉은 쪽이 마르크스고 선 쪽이 엥겔스다. 동독 조각가 루드비히 엥겔하르트의 1986년 작품으로, 과거에 이 지역이 동독이었다는 사실이 실감난다. 1990년에 독일이 통일되면서 이 조각상의 철거와 공원의 개명 여부로 논란이 벌어졌다. 그러나 사회주의에 가장 큰 영향을 끼친 두 사상가를 기념하는 곳이니만큼, 정치적 호오보다는 역사성을 지닌 공간과 예술품을 보존하자는 쪽으로 결론이 났다. 이제 그들은 역사가 되었고, 마르크스와 닭튀김 체인점의 할아버지를 구별하지 못하는 아이들이 그의 무릎에 올라 사진을 찍는다.

DDR 박물관 DDR Museum

박물관 섬에서 다리를 건너 알렉산더 광장으로 들어서기 직전, 왼편의 건물에 DDR 박물관이라는 간판이 보인다. 베를린 곳곳에서 볼

마르크스 엥겔스 포룸

수 있는 DDR이라는 단어는 과거의 동독 즉 독일민주공화국Deutsche Demokratische Republik의 약자다. 이제는 역사가 되어버린 구 동독 시절의 여러 가지를 전시하는 사설 박물관이다.

오스탈기ostalgie

독일 통일이 서독의 주도로 이루어지면서 옛 동독 지역에서는 부유하고 강대한 자본주의 국가인 서독을 모방하려는 경향이 팽배해졌다. 서독의 것은 좋으며 배워야 할 것이고, 동독의 것은 낡고 버려야 할 것으로 여겨졌다. 하지만 동독의 것이라고 다 나빴을까? 통일된 독일은 너무 쉽게 동독의 흔적들을 지워갔다. 하지만 언젠가부터 사람들은 사라졌거나 사라지고 있는 동독의 흔적을 그리워하기 시작했다. 이렇게 구 동독을 추억하고 그리워하는 경향을 '오스탈기'라고 한다. 동쪽이라는 뜻의 '오스트ost'와 향수를 뜻하는 '노스탤지어nostalgia'를 붙인 신조어로서, 동독에 관한 것들을 추억하고 보존하려는 생각이나 행동을 통칭하는 말이다. 오스탈기를 불러일으키는 전시물만을 모아놓은 박물관이 DDR박물관이다.

암펠만Ampelmann

베를린의 건널목에 서서 신호를 기다리다 보면 독특한 신호등이 눈에 띈다. 다른 나라의 신호등과 다르다. 빨간불은 귀여운 사람이 양팔을 쫙 벌리고 '오면 안 돼요'라고 말한다. 파란불은 초록색 사람이 팔을 높이 쳐들고 씩씩하게 걷는 모습이다. 그 둘을 번갈아 보면 누구나 미소 짓지 않을 수가 없다. 처음 이 신호등 속의 사람을 보았을 때의 인상은 귀엽고 씩씩하고 쾌활하다는 것이었다. 모자를 쓴 남자인데, 얼굴은 크고 키는 작아 3등신 정도다. 그를 알게 된 이후로는 길을 가다가 신호등만 만나면 기분이 좋아지고 표정도 밝아졌다. 어쩜 저런 디자인을 했을까? 마치 아이들의 도시처럼 말이다.

이 신호등은 원래 동베를린의 것이었다. 동베를린은 교통이 무질서하고 사고가 많았다. 이에 당국은 교통연구원 카를 페글라우에게 의뢰하여 친근하고 귀여운 신호등을 만들고 '암펠만'이라는 이름을 붙였다. '암펠'은 신호등이란 말이고 '만'은 사람이니, 암펠만은 '신호등 남자' 정도가 된다. 동독 사람들은 암펠만을 좋아했다. 각박했을 일상 속에서 문득 건널목 앞에 서면, 늘 씩씩하고 쾌활한 암펠만이 기다리고 있었다. 사람들은 그를 보면서 씩 웃고 다시 힘내어 발걸음을 옮겼

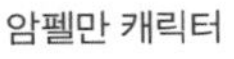
암펠만 캐릭터

신호등 속 암펠만

을 것이다.

그런데 1990년에 통일이 되면서 독일 정부는 서로 다른 동서 양측의 교통신호 체계를 서독식으로 통일하려 했다. 그러자 동베를린 시민들이 반기를 들고 일어섰다. 오랫동안 사랑했던 암펠만을 하루아침에 없앨 수 없다는 것이었다. 게다가 디자인도 뛰어나지 않은가? 디자이너 마르쿠스 헤크하우젠은 『암펠만의 책』을 펴내어 암펠만 디자인의 가치를 알리기도 했다. 결국 당국은 암펠만을 그대로 두는 수밖에 없었다. 1997년의 일이었다. 뿐만 아니라 그 후로 서베를린 지역에서조차 새로 설치하는 신호등에 암펠만이 등장하기 시작했다. 한 때 서독 문화에 밀려 없어질 뻔했던 암펠만이 이제는 옛 서독 지역으로 진출하고 있다. 얼마나 대견한가? 언젠가는 독일의 모든 신호대에서 암펠만이 웃고 있을지도 모른다.

이제 암펠만은 아주 유명해져서 베를린의 마스코트로까지 발전했다. 암펠만 캐릭터는 티셔츠나 가방, 액세서리, 조명은 물론, 심지어 지우개나 목욕 스펀지에 이르기까지 다양한 상품으로 발전하고 있다. 베를린에는 암펠만 상품 판매점이 하케셰 회페의 본점을 비롯하여 몇 군데나 있다.

알렉산더 광장 Alexanderplatz

알프레트 되블린의 소설 『베를린 알렉산더 광장』은 이름 그대로 알렉산더 광장을 배경으로 한다. 1920년대의 베를린을 풍경화처럼 그려낸 이 소설은 베를린이 있는 한 사라지지 않을 것이며, 이 책이 있는 한 알렉산더 광장은 영원한 장소로 남을 것이다.

『베를린 알렉산더 광장』

『Berlin Alexanderplatz』

소설

1920년대 베를린을 그린 이 소설에는 당시 알렉산더 광장 부근의 건물이나 가게들의 이름이 그대로 나온다(하지만 그것들을 찾아다닐 필요는 없다. 안타깝게도 많은 건물들이 2차 대전으로 인해 사라졌기 때문이다). 4년간 감옥에서 수감생활을 하다가 석방된 프란츠가 베를린이라는 사회로 들어가면서 이야기가 시작된다. 이 소설은 프란츠가 겪는 사건들을 순차적으로 나열하지 않는다. 대신에 거대한 사회에서 소외된 한 사람의 사고와 감정의 전개를 마치 영화와 같은 독특한 기법과 표현주의적인 문체로 그려내고 있다.

알프레트 되블린Bruno Alfred Döblin(1878~1957)은 독일 제국의 말기에 유대인 양복점의 아들로 태어났는데, 어려서 아버지가 여직원과 눈이 맞아 가족을 버리고 미국으로 달아났다. 다섯 아이와 함께 베를린으로 온 그의 어머니는 밑바닥 생활을 하면서 아이들을 키웠다. 성장해서 정신과 의사가 된 되블린은 부유층의 딸과 결혼했다. 하지만 그는 가난한 사람들에게 관심을 가졌고, 의사로서 평생 빈민들을 돌보면서 글쓰기를 병행했다. 그는 베를린의 노동자나 매춘부, 범죄자 같은 주변부 사람들의 생각과 언어를 제대로 알고 표현했다. 『베를린 알렉산더 광장』이 큰 성공을 거두면서 그는 바이마르 공화국 시대에 가장 인기 있는 소설가가 되었다.

베를린의 중요한 중심가들 가운데 동베를린 시절 가장 중요했던 중심부가 알렉산더 광장이다. 박물관 섬을 지나면 나타나는 넓고 복잡한 광장인데, 많은 집회가 열리는 곳이자 교통의 교차점이어서 광화문 광장을 연상시킨다. 1805년에 러시아 차르 알렉산더 1세의 베를린 방문을 기념하여 이런 이름이 붙었다.

19세기 말부터 폭발적으로 발전한 알렉산더 광장에는 현재도 페른세투름이나 붉은 시청 등의 유명 건물들이 소재해 있다. 또한 쇼핑몰이나 백화점도 많고, 주변에 걸어서 돌아볼 만한 명소들도 많다. 커다란 간판들 사이로 사람들이 정신없이 왕래한다. 최근에는 쇼핑센터나 주상복합건물 등이 여기저기 올라가고 있어서 독일의 다른 지역에서는 보기 어려운, 마치 개발도상국 같은 독특한 분위기를 풍기고 있다.

베를린 TV 송신탑, 페른세투름 Berliner Fernseturm

알렉산더 광장에 들어서기 전부터 저만치 보이는 높은 탑이다. 우주시대를 보여주는 것 같은 모습이지만, 무려 1969년에 세워졌다. 높이가 368미터로 독일 전체에서 가장 높은 탑인데, 동서 분단 시절에 동독 정부에서 세운 TV 송신용 건물이다. 이 탑은 두 가지의 정치적 목적으로 세워졌다. 즉 탑의 모습 자체로 사회주의 체제의 우수성을 알리는 것, 그리고 서베를린 시민들도 동독 방송을 시청할 수 있게 해서 사상을 선전하는 것이었다.

가운데에 있는 양파처럼 둥근 부분이 특징적이다. 당시 소련이 만든 인류 최초의 인공위성인 스푸트니크의 디자인을 본뜬 것으로, 역시 공산체제를 선전하려는 의도다. 이 양파 속에 방송국의 주조정실이 들어

「굿바이 레닌」

「Goodbye, Lenin」

영화

이 영화는 독일 통일이 이루어지던 시기를 배경으로 동베를린의 어느 가정에서 일어나는 이야기를 그린 것이다. 알렉스의 어머니는 동베를린에서 교사로 일하며 남매를 키우는데, 의사인 아버지가 혼자 서독으로 망명해버린다. 배신의 충격을 받은 어머니는 자신의 분노를 국가에 대한 충성으로 대치시킨다. 열렬한 공산주의자가 된 그녀는 사회 문제에 적극적으로 참여한다. 그러던 와중에 어머니는 쓰러져서 의식 불명의 상태가 되고, 그녀가 의식이 없는 동안에 베를린 장벽이 무너진다. 어머니가 깨어나자, 의사는 절대로 정신적인 자극을 주면 안 된다고 경고한다. 이에 아들 알렉스가 친구들의 도움을 받아서 독일이 통일되었다는 사실을 어머니가 모르게끔 연출하는 것이 주된 내용이다.

영화는 독일이 통일될 때 동독 사람들이 겪었던 상황을 코믹하게 그리고 있지만, 보고 있으면 가슴이 씁쓸해진다. 동베를린 사람들의 생활과 독일의 통일 과정을 이렇게 사실적이고 재미있게 그려내기는 쉽지 않을 것이다. 알렉스의 여동생은 통일 이후 버거킹에서 아르바이트를 한다. 그러던 그녀는 햄버거를 사러 온 아버지를 만난다. 놀란 그녀가 아버지에게 하는 한마디는 "버거킹을 이용해 주셔서 감사합니다"이다. 씁쓸한 대목이다.

있고, 또한 이런 탑에 꼭 들어가는 회전식 레스토랑도 있다. 그런데 햇빛이 비칠 때면 양파의 반짝이는 외장재 때문에 십자가 형태가 나타나 화제가 되었다. 무신론을 내세우는 공산국가에서 기껏 공들여 탑을 세웠더니 하느님을 찬양하는 꼴이 된 것이다. 이에 동베를린 시민들은 "교황의 복수"라고 빈정거렸다. 통일 이후에도 이 예쁘지도 않은 송신탑은 여전히 건재하여 동독 시절을 떠올리게 하고 있다. 결국 동독의 승리인가?

발터 쾨니히 서점 Buchhandlung Walther König an der Museumsinsel

박물관 섬을 바라보는 곳에 있는 오래된 대형 서점이다. 거의 모든 분야를 다 다루지만, 특히 예술과 관련된 서적들이 많다. 다양한 도록圖錄들을 구경하다 보면 시간 가는 줄 모른다. 문화예술계 인사들이 많이 찾는 곳으로, 시내에 몇 곳의 지점이 있다.

하케셰 회페 Hackesche Höfe

알렉산더 광장에 가까운 곳에 하케셔 마르크트 광장Hackescher Markt이 있고, 그 옆에 하케셰 회페가 있다. 하케셰 회페가 세워진 1906년 이전에는 의류 공장으로 가득 찼던 이 지역은 지금 베를린에서 가장 매력적인 상점들이 모여 있는 지역으로 변모했다. 하케셰 회페는 여러 건물들을 지어 붙인 일종의 단지여서 그 안에는 안마당이 여덟 개나 있으며, 이 안마당들은 서로 이어져 있다. 독일어로는 이 안마당을 호프hof라고 부르며 호프의 복수형이 회페höfe다. 이것이 이 지역명의 유래다.

여덟 개의 안마당을 형성하는 건물들은 아르누보 양식을 바탕으로 형태와 색채가 각기 다르게 건립되었다. 건물이나 통로의 구석마다 장식과 조각이 놓이고 안마당에는 각기 다른 나무와 꽃들이 심어졌다. 이렇게 한 단지 내에 다양한 기능을 가진 복합적인 건물들을 연계하는 방식은 당시로서는 획기적인 것으로, 요즘의 복합쇼핑단지의 원조에 해당한다. 하지만 요즘처럼 단지 전체가 한 건물 안에 들어있지 않고 여덟 개의 안마당으로 나뉜 덕분에 사람들은 걸어 다니면서 각기 다른 나무나 화단을 만나고 비나 눈도 맞고 바람과 햇빛도 누리는 것이다.

하케셰 회페

지금 이곳은 100년 전의 고즈넉한 아름다움을 그대로 간직하고 있어서 굳이 쇼핑이 아니더라도 건물을 즐기기 위해서 찾는 사람이 더 많다. 현재도 80세대의 아파트를 비롯하여 여러 가게들과 사무실, 영화관, 식당, 카페, 공방 등이 건재하다. 가게들은 어디서나 볼 수 있는 세계적인 브랜드들은 거의 없고 베를린을 바탕으로 한 브랜드들이 대부분으로, 규모는 작지만 여전히 매력을 잃지 않고 있다. 베를린의 식품점들을 모은 이트 베를린, 구두공방 트리펜Trippen, 당구장 쾨Billardsalon Köh, 암펠만 등이 찾아볼 만한 가게들이다.

하우스 슈바르첸베르크 Haus Schwarzenberg

독일 통일 이후에 베를린이 예술가들에게 관심을 얻은 이유 중 하나가 과거 동베를린이었던 지역에 생긴 많은 빈집들이었다. 주인들이 서독으로 이주하면서 생긴 빈집이나 공간을 가난한 예술가들이 점유했다. 그들은 그곳을 작업 공간으로 만들어 서로 교류하고 살면서 자신들만의 문화를 만들었으며, 나중에는 베를린의 관광 상품 중 하나가 되었다.

하지만 지금은 동베를린 지역도 많이 정비되어, 그런 지역은 급속히 사라지고 있다. 그러나 하케셰 회페 한쪽에 있는 하우스 슈바르첸베르크에는 여전히 그런 문화가 남아있다. 아틀리에들도 있고, 안네 프랑크 센터, 갤러리, 박물관, 영화관 등도 있다. 하지만 이제는 관광객들에게 보여주기 위한 공간으로 변질된 것 같아서 이전 같은 매력은 적다.

아우구스트 슈트라세 Auguststraße

아우구스트 슈트라세는 갤러리가 밀집된 지역이다. 독일 통일 이후 이 지역에 빈집이 많이 생기면서 가난한 화가들이 몰려왔다. 이어 당국에서도 젊은 예술가들에게 빈집을 저렴하게 임대해주어 지역을 발전시켰다. 그리하여 이곳은 갤러리들이 늘어선 예술의 동네가 되었다.

그 중심지가 아우구스트 슈트라세와 그다음의 리니엔 슈트라세 Linienstraße 등으로, 여기에는 크고 작은 갤러리들이 모여 있다. 이 지역은 베를린의 활기찬 엔진이다. 크고 귀여운 곳에서부터 특이한 곳, 아름다운 곳이 모두 모여 있다. 굳이 그림을 사지 않더라도 걸어 다니는 것만으로도 추억과 희망이 되살아난다. 물론 좋은 가게나 서점, 카페, 식당도 적지 않다. 한때는 200군데가 넘는 갤러리가 있었지만, 요즘은 여기도 임대료가 올라서 갤러리들이 좀 떠났다. 하지만 여전히 많은 갤러리와 미술관들이 있다.

대표적인 곳은 쿤스트베르케Kunst-Werke, KW로서, 1998년에 베를린 비엔날레를 처음 시작한 곳이다. 그 외에 아이겐 아트Eigen + Art, 컨템포러리 파인 아츠Contemporary Fine Arts, CFA, 노이게림슈나이더Neugerriemschneider, 갈레리 베를린Galerie Berlin, 갈레리 슈프뤼트 마거스Galerie Sprüth Magers, 갤러리 라쉐 리프켄Gallery Rasche Ripken, HVW8 등이 비교적 알려진 곳들이다.

또한 이 지역에는 갤러리라기보다는 미술관으로 불리는 곳들도 있는데, 전시된 작품의 질은 이쪽이 더 좋다. 호프만 컬렉션Sammlung Hoffmann, 프리더 부르다 미술관Museum Frieder Burda 및 미 콜렉터스 룸Me Collectors Room Berlin 등이 찾아볼 만하다.

쿤스트베르케

이 지역에는 갤러리 외에도 좋고 예쁜 가게들과 식당, 카페들이 많다. 두 발로 다니면서 직접 발견해야 재미가 더 크겠지만, 그중 좋은 것들을 미리 소개해 둔다.

R.S.V.P. 파피어R.S.V.P. Papier in Mitte

물라크 슈트라세Mulackstraße에 있는 문구 가게다. 상호처럼 초대장 등 카드를 중심으로 연필깎이, 클립 등의 여러 문구류를 취급한다. 세계의 질 좋은 문구류들을 잘 모아놓고 있으며, 여기서만 볼 수 있는 것들도 많다. 이미 상당히 유명하다.

루이반 파페테리Luiban Papeterie

파페테리란 원래 '종이 가게'란 말로 보통 문구점을 일컫는다. 귀여운 마스킹 테이프와 여행용 필기구, 종이 카드 등 예쁘고 유용한 문구류를 잘 갖춰놓은 구색이 감탄스러울 정도다. 방문할 때마다 기분이 좋아지는 마약 같은 상점이다.

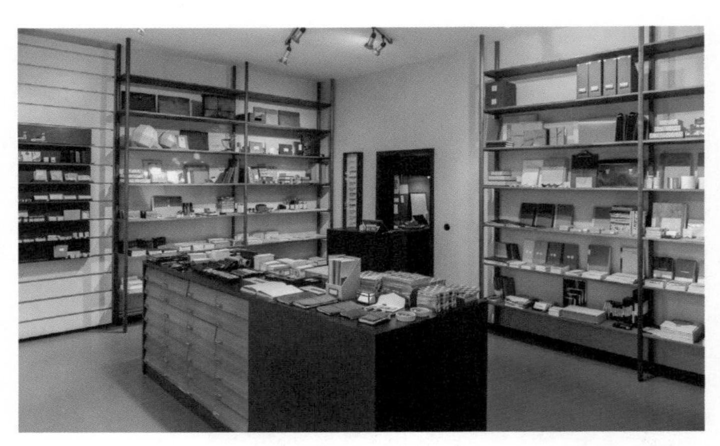

루이반 파페테리

소다 Design book store SODA

디자인 북 스토어라는 제목처럼 디자인에 관한 책과 잡지가 주종이다. 그 외에 특히 여행에 유용한 가방 등 소품들도 구경할 만하다.

두유 리드 미 do you read me?!

유명한 독립출판서점이다. 그들만의 콘셉트로 책을 구비하여 베를린의 한 면을 들여다볼 수 있다. 특히 유명한 것이 이곳의 천가방인데, 책에는 관심 없이 가방만 몇 개나 사서 사진 찍고 돌아가는 한국 관광객을 보면 낯이 화끈거린다.

두유 리드 미

프로 큐엠 Pro qm thematische Buchhandlung

미술 서적 전문점이다. 특히 디자인과 건축, 사진 등에 관한 도록들이 많은 곳으로 제법 알려져 있다.

마이징거 Maisinger Berlin

생활 소품을 파는 편집 가게다. 컬렉션이 뛰어나서 인기가 높다. 가정의 장식을 위한 커튼, 직물, 쿠션 등이 많고, 유리병이나 그릇의 구색이 좋다.

폰 운트 추 티슈 Von und Zu Tisch

부근 사람들에게 인기 높은 식품점으로, 포도주, 올리브유, 식초, 절임 등을 컬렉션해서 판다. 가게 앞 공원에 놓인 테이블에서 먹을 수도 있다.

아모도 Amodo

귀여운 소품들을 파는 가게다. 쿠션 같은 가정 소품과 필기구 같은 문구류, 책상에 놓는 어른용 장식품들을 구경하는 재미가 쏠쏠하다.

바르코미스 델리 Barcomi's Deli

'베이킹의 여왕'이라고 불렸던 신시아 바르코미의 델리로서 이 지역의 유명 빵집이다. 치즈 케이크 등 거의 모든 빵이 다 맛있다. 아침 식사도 훌륭하며 수프나 샐러드도 좋다.

밀히 할레 베를린 커피 Milch Halle Berlin Coffee

주민들이 오며 가며 마시는 작은 커피집이다. 커피가 맛있고 곁들이는 음식도 좋아서 동네에서 인기 있는 가게다.

모그 Mogg

양념한 얇은 쇠고기를 양파와 빵에 끼워서 먹는 파스트라미 샌드위치로 유명해진 가게다. 한국 사람은 열광하거나 뱉거나 둘 중 하나일 것이다.

디스트릭트 커피 Distrikt coffee

작은 커피집인데, 커피도 맛있고 아침 식사도 좋다. 어디서나 시킬 수는 없는 팬케이크와 베네딕트가 좋다.

차이트 퓌어 브로트 Zeit für Brot

아주 맛있는 빵집이다. 빵을 좋아한다면 꼭 한번 방문해보길 권한다. 그 자

차이트 퓌어 브로트

리에서 커피와 함께 먹을 수도 있다.

비노 에 리브리 Vino e libri

'와인과 책'이라는 멋진 이름을 가진 이 이탈리아 식당은 샤르데니아 음식을 전문으로 한다. 자연의 재료만을 살린 음식의 맛도 좋지만, 분위기가 편안하여 부담도 없는 곳이다.

달루마 Daluma

베를린에서 점점 늘고 있는 채식주의자 식당의 대표주자다. 테이크아웃도 가능하고 앉아서 먹을 수도 있다. 토핑을 선택할 수 있는 샐러드 볼이 인기가 높다.

콥스 Kopps

또 하나의 유명한 채식주의자 식당이다. 100퍼센트 비건으로 달걀도 우유도 쓰지 않는다. 식물로 만든 가짜 고기로 큰 히트를 쳤다.

시오리Shiori

이 지역에 있는 작은 일식당으로 아시안 마니아 사이에는 인기가 좋다. 카운터에 앉아서 먹는 음식이지만, 그 품질은 생각보다 낫다.

코코 반 미 델리CoCo bánh mì deli

허름한 간이식당 같지만, 맛있는 베트남 식당이다. 베트남식과 프랑스식을 섞은 바게트 샌드위치가 유명하며, 국수도 맛있다.

인민 극장Volksbühne

이 지역에 있는 로자 룩셈부르크 광장에서 맞닥뜨리는 한 건물의 위용은 과거 동독을 떠올리게 할 만큼 무섭고 권위적이다. 폭스뷔네는 '인민의 극장'으로 번역할 수 있다. 1914년에 세워진 이 건물은 2차 대전 때 파괴되었다가 1954년에 동독의 건축가 한스 리히터의 설계로 재건되었다. 통일 이후에는 1992년부터 프랑크 카스토르프가 감독이 되어 25년간 전위적이고 실험적인 작품을 올려 명성을 떨쳤다. 지금도 연극을 중심으로 춤이나 음악회 등 다양한 공연들이 올라간다.

붉은 시청Rotes Rathaus

알렉산더 광장 남쪽에 높은 탑을 가진 붉은 건물이 붉은 시청이다. 1869년에 지어져 베를린 시청으로 사용되었는데, 통일 이후에는 베를린 상원이 사용하고 있다. 건축가 헤르만 베제만은 이탈리아 로마네스크와 르네상스 양식에 독일의 브란덴부르크 양식을 합쳤다. 강렬한 인상을 안겨주는 붉은 벽돌 때문에 이 건물의 별명이 결정되었다. 외부 색깔 때문에 공산 동독의 관청을 연상시키지만, 안은 넓고 화려하며 밝다.

붉은 시청

중요한 것은 전면부의 정교한 테라코타 프리즈다. 로비에서는 100년이 넘은 방명록을 여전히 쓰고 있다.

성모 교회 St. Marienkirche

알렉산더 광장 한복판에 있는 이 교회는 상대적으로 좀 작다. 1243년부터 이곳에 서 있던 오래된 고딕 양식 교회로서, 여러 번에 걸친 광장의 확장과 개조에도 살아남았다. 비교적 작고 소박한 곳으로 현재는 루터 교회다.

루터 동상 Lutherdenkmal

성모 교회 곁에 당당한 수도사가 두꺼운 성경을 들고 서 있다. 종교개혁자 마르틴 루터의 동상이다. 조각가 파울 오토가 작업을 시작했지만 도중에 사망하여 로베르트 토베렌츠가 1895년에 완성했다. 개신교도가 가톨릭보다 세 배가 많은 베를린이 지닌 종교개혁의 역사와 정신을 엿볼 수 있다.

카를 마르크스 알레 Karl Marx Allee

알레란 '가로수 길'이라는 뜻이다. 이 길은 알렉산더 광장에서 남동쪽으로 뻗은 넓은 대로다. 동독 정부가 수립된 이후에 공산체제의 우수함을 선전하기 위해서 소련의 영향을 받은 거대한 거리를 건설했다. 약 2킬로미터에 이르는 이 길은 넓은 보도에 큰 가로수들이 늘어서서 시원한 경관을 보여준다. 길 주변으로는 이른바 소비에트 양식이라고 부르는 거대한 건물들을 즐비하게 세웠는데, 동독 정부에서 공급했던 공공 주택들이다. 건물 외벽에는 밝은 타일을 붙여 치장했다. 처음 이곳의 명칭은 스탈린 알레Stalin Allee였는데, 시민들은 이것을 "스탈린 화장실"이라며 비아냥거렸다. 지금도 길은 넓고 가게는 적어서 걸으려면 체력을 요하는 지역이지만, 공산 시절의 건물과 거리를 느끼기 위해서 한 번 걸어볼 만도 하다.

카를 마르크스 서점

카를 마르크스 서점 Karl Marx Buchhandlung

1960년대에 문을 연 이곳은 나중에 카를 마르크스 서점이라는 상호를 붙였다. 사회과학 서적을 주로 취급하는 곳이었다. 영화「타인의 삶」의 마지막 장면에서 주인공이 책을 사는 서점이다. 영화 세트라거나 사라졌다는 항간의 말과 달리, 지금도 성업 중이다. 시원하게 넓고 천장이 높은 클래식한 매장 분위기가 요즘의 매장들과는 달라서 독특하게 느껴진다.

「타인의 삶」 영화

「Das Leben der Anderen」

독일 감독 플로리안 헨켈 폰 도너스마르크가 각본을 쓰고 연출한 영화다. 동독 비밀경찰은 10만 명의 요원과 20만 명의 정보원을 이용해서 인구의 4분의 1을 사찰했다고 한다. 그 시절을 배경으로 한 이 영화는 과거 동독의 모습을 잘 보여준다.

극작가 드라이만과 그의 연인인 배우 크리스타를 도청하라는 명령을 받은 국가보안부 요원 비즐러는 그들의 집에 도청장치를 설치하고 감시한다. 처음엔 냉철한 관찰자였던 비즐러는 점점 두 예술가의 진실함에 빨려 들어간다. 비즐러는 보고서를 거짓으로 작성하고, 심지어 아무도 몰래 그들의 생활에 관여함으로써 그들을 경찰로부터 보호하려 한다.

몇 년이 지나지 않아서 통일이 된다. 그제야 드라이만은 자신이 사찰을 당했으며, 비즐러가 자신을 보호했다는 사실을 알게 된다. 비즐러는 통일 독일에서 전단지를 돌리면서 살고 있다. 다시 2년이 흐른다. 전단지를 돌리던 비즐러는 서점에 걸린 드라이만의 신간 광고를 보고 안으로 들어간다. 책을 찾아 펼치자 첫 장에 "이 책을 HGW/XX7(비즐러의 암호명)에게 바칩니다"라고 적혀있다. 그가 책을 사고, 점원은 "선물 포장을 할까요?"라고 묻는다. 비즐러는 "아뇨. 이 책은 나를 위한 겁니다"라고 말한다.

카페 지빌레 Café Sibylle

카페 지빌레는 밀히트링크할레Milchtrinkhalle 즉 '우유 마시는 집'이라는 상호로 1953년에 문을 열었다. 1960년대에 지금의 이름으로 바꾸고 전시회도 열었다. 여전히 1950년대의 분위기를 간직하고 있어서 동독 시절을 떠올리게 하는 곳이다. 지금도 동독 시절에 관한 전시회가 열리며, 국가 문화재로 지정되었다.

니콜라이 지구 Nikolaiviertel

붉은 시청사와 슈프레강 사이의 지역을 니콜라이 지구라고 부른다. 오래되고 매력적인 동네다. 베를린 최초의 정착촌으로서 슈프레강의 어부들이 13세기부터 마을을 이루었다. 지금도 골목이 좁고 집들이 작아서 아기자기한 분위기가 잘 유지되어 있다. 특히 작고 오래된 가게들이나 카페와 전통 식당들이 많은 골목을 구석구석 다니는 재미가 있다. 저물녘 테라스에서 슈프레강을 바라보면서 맥주잔을 기울이는 묘미가 각별하다.

니콜라이 교회 Nikolaikirche

니콜라이 지구에 있는 이 교회는 1230년에 세워졌다고 한다. 베를린에서 가장 오래된 교회다. 이 지역 주민들을 위한 소박한 교회였는데, 2차 대전 때에 거의 파괴된 것을 1987년에 복구했다. 현재는 지역 사회 박물관으로 이용되고 있다.

칠레 미술관 Zille Museum

하인리히 칠레의 그림 「Demaskierung」

이 지역의 화가 하인리히 칠레는 세기말과 20세기 초에 걸쳐 베를린 시민들의 생활상을 그려온 풍속화가다. 이 미술관에는 산업화의 그늘 속에서 가난으로 고통받는, 그러나 정감 어린 서민들을 따뜻한 시선으로 그린 화가의 수채화, 연필화, 사진 등이 전시되어 있다. 사회주의 리얼리즘 미술의 뿌리를 찾아볼 수 있다. 부근에 왔다면 꼭 구경하기를 권한다. 사람들을 바라보는 마음이 따뜻해질 것이다.

에프라임 궁전 Ephraim Palais

니콜라이 지구에 있는 로로코 양식의 화려한 건물이다. 보석 사업으로 부를 축적한 유대인 사업가 파이텔 에프라임이 건축가 프리드리히 빌헬름 디트리히에게 의뢰하여 1769년에 완성된 것이다. 현재는 시립 박물관으로 이용되어 베를린의 문화와 시민의 생활상에 관한 전시물을 보여준다. 겉모습도 아름답지만, 아주 우아한 로코코 양식의 인테리어를 볼 수 있는 내부가 더욱 인상적이다.

구 시청 Altes Stadthaus

붉은 시청 뒤편에는 넓은 교차로 앞에 위용이 넘치는 시청이 하나 더 있는데, 붉은 시청과 구별하여 구 시청이라고 부른다. 붉은 시청사의 업무가 과다해지면서 두 번째 시청으로 지은 것이다. 건축가 루드비히 호프만의 설계로 1911년에 문을 열었는데, 팔라디오풍을 가미한 신고전주의 양식이다. 건물은 붉은 시청보다 더 크고 중앙의 탑도 더 높다. 2차 대전 때에 붉은 시청사가 파괴되면서 상대적으로 피해가 적었던 이곳이 1956년까지 동베를린의 시청으로 사용되었다.

이스트 사이드 갤러리 East Side Gallery

알렉산더 광장 역에서 슈프레강 쪽으로 걸어가면 장벽에 벽화들이 그려져 있다. 이스트 사이드 갤러리라는 것으로, 통일 후에 남아있던 베를린 장벽에 그림을 그리는 프로젝트의 결과다. 원래는 장벽들이 더러워서 그 위에 그림을 그릴 구상을 했던 것이다. 그러니 낙서와 예술의 중간쯤에서 그 정의를 규정하는 공간이라 할 수 있을 것이다. 1990년에 각국의 작가들이 1.3킬로미터에 걸쳐 105점의 그림을 그렸는데, 내용은 희망과 자유에 관한 것들이다.

이스트 사이드 갤러리는 2006년에 도시계획 문제로 원래 위치에서 40미터 정도 서쪽으로 옮겨졌다. 2013년에는 아파트를 건설하기 위해서 작가들의 동의 없이 장벽 중 23미터 정도를 철거한다는 발표가 있었고, 이에 시민들이 반대시위를 벌였다. 하지만 그럼에도 5미터 정도가 몰래 철거되어, 그 후로 장벽 그림의 저작권 문제가 대두되었다. 현재도 보호시설 없이 도로 옆에 방치되어서 3분의 2 정도의 그림들이 침

식과 낙서로 훼손되었고, 시민단체에서 훼손된 작품을 복원하는 작업을 진행 중이다.

여기서 가장 널리 알려진 그림은 브레즈네프 소련 공산당 서기장과 호네커 동독 서기장이 키스하는 그림인데, 러시아 화가 드미트리 브루벨의 작품이다. '형제의 키스'라고도 불리는 이 그림의 제목은 그림에 적힌 문구처럼 「하느님, 제가 이 치명적인 사랑 가운데서 살아남도록 도와주세요」이다.

메르세데스 벤츠 아레나Mercedes-Benz Arena

낙후된 이 지역의 개발 프로젝트의 하나로 2008년에 지어진 대형 다목적 홀이다. 콘서트를 비롯하여 농구나 아이스하키 경기장 등으로 이용된다. 아이스베렌 베를린Eisbären Berlin 아이스하키 팀과 알바 베를린Alba Berlin 농구 팀의 본거지다. 콘서트 때의 수용인원은 1만 7,000명이다. 벤츠 자동차 회사가 계약을 맺어서 20년간 이름을 사용 중이다.

콜비츠 광장Kollwitzplatz

텔만 광장에서 멀지 않은 곳에 있는 광장인데, 두 가지 이유로 중요하다. 그중 첫 번째는 이 광장 뒤편에 케테 콜비츠가 1891년부터 1943년까지 살았던 집이 있었다는 것이다. 광장에 있는 콜비츠의 동상은 조각가 구스타프 자이츠의 작품「어머니」다. 제목처럼 동상 위에 동네 아이들이 올라타서 노는 모습을 보면 눈물이 돈다. 두 번째는 여기서 열리는 정기 장날이다. 직접 재배하고 만든 유기농 농산물을 중심으로 하는 파머스

콜비츠 광장에 있는「어머니」

마켓이 목요일과 일요일에 열리는데, 베를린에서 가장 인기 있는 파머스 마켓이다.

카페 안나 블루메 Café Anna Blume

콜비츠 광장 뒤편에 있는 카페로서, 역사는 오래되지 않았지만 동네에서 인기가 높다. 케이크와 음식이 모두 좋은데, 특히 아침 식사가 맛있다. 분위기도 좋아서 이 지역에서 편안한 한때를 보내기에 좋다.

세인트 조지 영어책방 Saint George's English Bookstore

베를린에 와서 책을 읽고 싶은데, 독어를 모르는 분들에게 반가운 서점이다. 좁은 공간에 가득한 영어책들이 반갑다. 이 집의 이니셜이 그려진 검정 천가방도 유명하다.

뵈즈너 Boesner

예술가들에게는 최고의 공간으로 손꼽히는, 없는 것이 없는 미술용품점이다. 작은 화방으로 시작하여 30년 만에 유럽에 40개의 매장을 보유하게 된 곳이다. 미술 용품은 물론이고 다른 데서는 구하기 어려운 선물을 사기에도 최고다. 베를린에만 세 곳이 있다.

에른스트 텔만 공원 Ernst Thälmann Park

알렉산더 광장에서 카를 마르크스 알레 쪽으로 가지 않고 북쪽인 그레이프스발더 슈트라세Greifswalder Straße를 따라가면 녹지 광장이 나타난다. 이곳에는 독일 공산당 당수였던 에른스트 텔만을 기리기 위한 거대한 동상이 있다. 청동상은 높이가 14미터에 달하는데, 소련 조각가 레프 케르벨이 1986년에 완성한 것이다. 텔만은 독일 공산당의 초기 지도자로서 나치에 의해 독방에서 11년간 감금되어 전설이 되었다. 히틀러는 그를 처형하고, 폭격으로 사망했다고 거짓 발표를 했다. 그는 옛 동독에서 체 게바라에 비견되는 인기를 누렸다. 통일 후에는 이 동상을 없애자는 의견도 나왔지만, 마르크스 엥겔스 동상처럼 유지하자는 여론에 의해 그대로 남아있다. 큰 두상에서 느껴지는 불굴의 의지는 과연 남자답다는 것이 이런 게 아닌가 생각하게 만든다. 1980년대 사회주의 예술의 걸작 중 하나다.

에른스트 텔만 동상

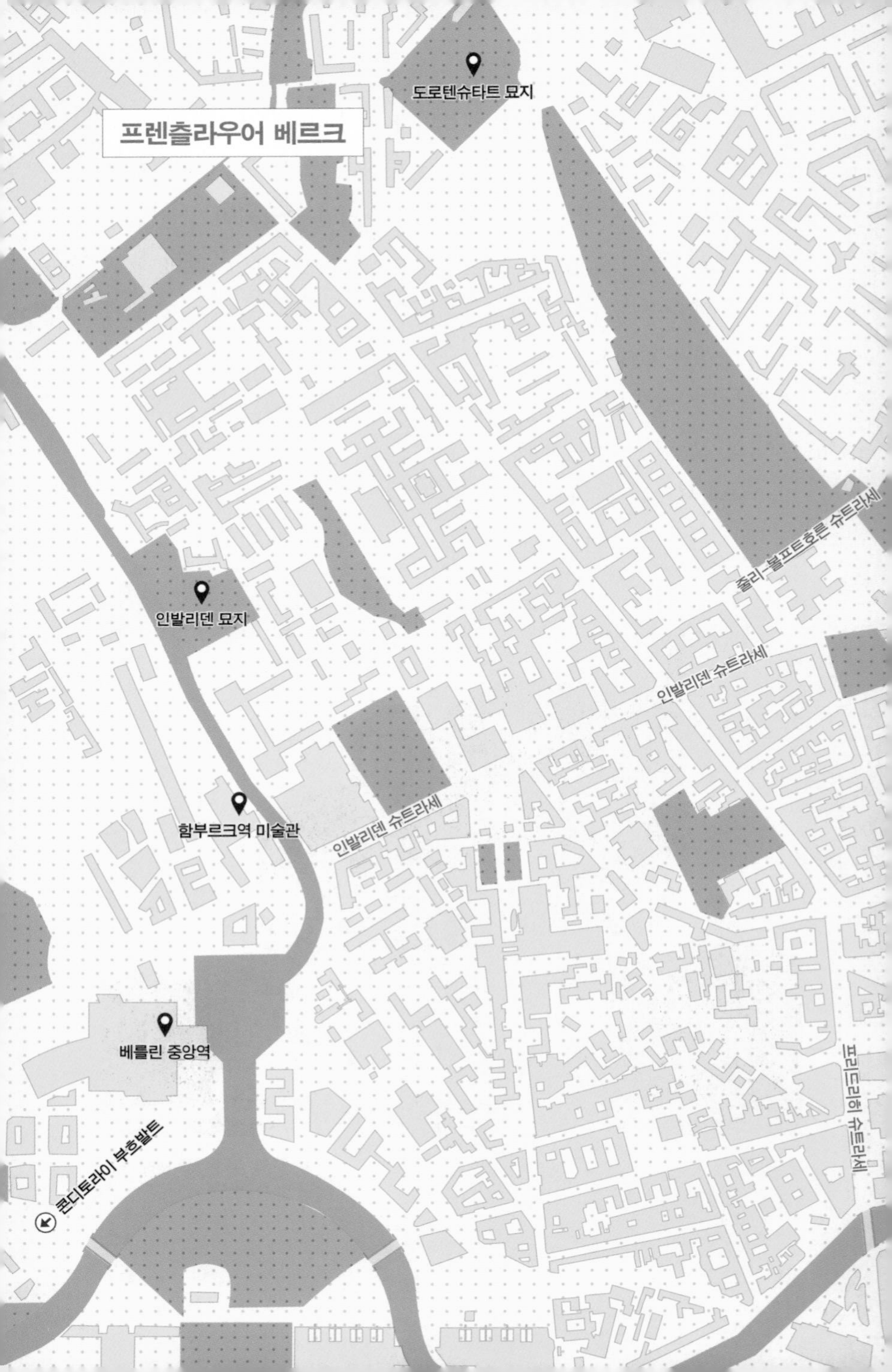

프렌츨라우어 베르크

도로텐슈타트 묘지

줄리-볼프트호른 슈트라세

인발리덴 묘지

인발리덴 슈트라세

인발리덴 슈트라세

함부르크역 미술관

베를린 중앙역

콘디토라이 부흐발트

프리드리히 슈트라세

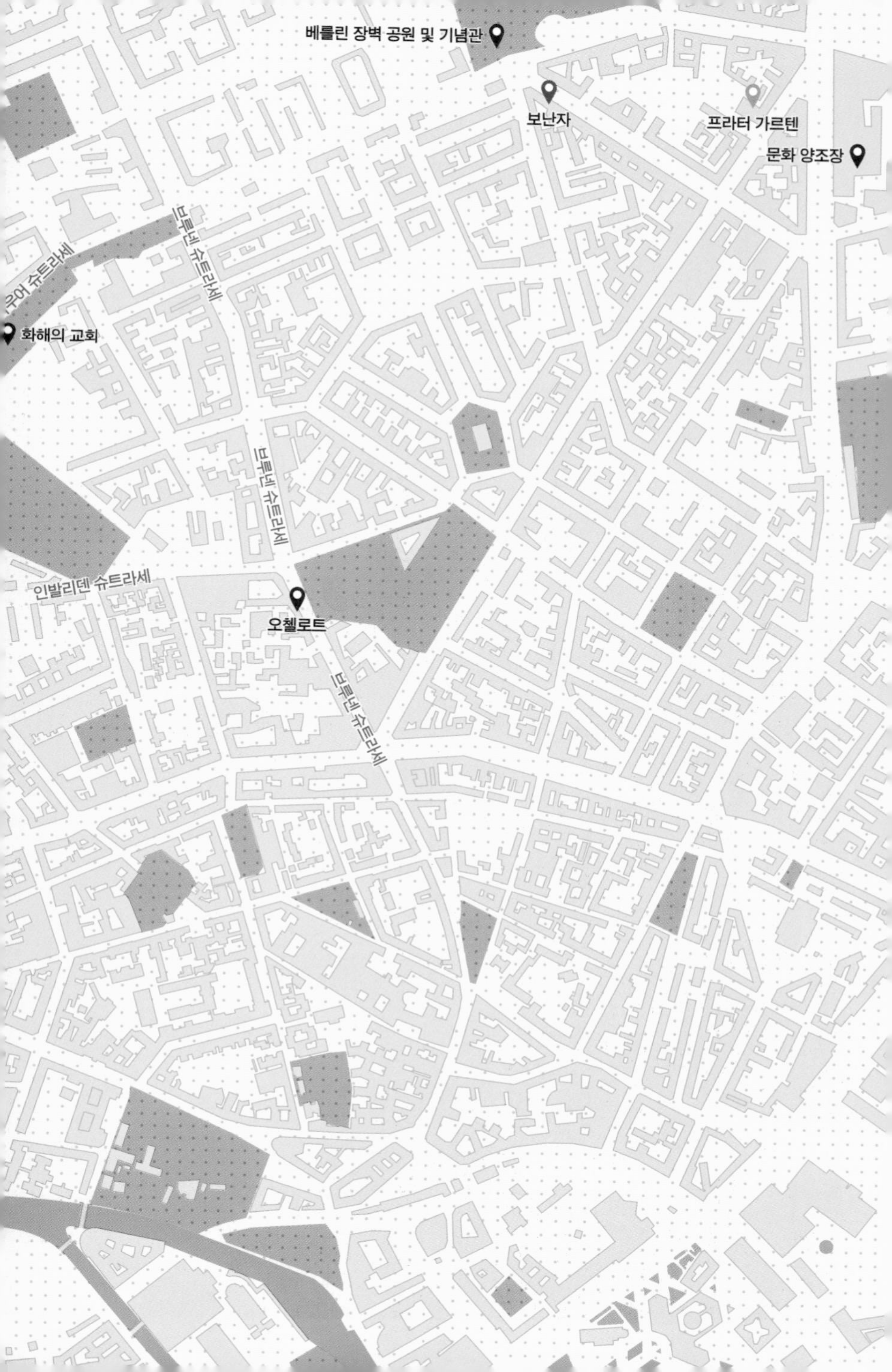

베를린 장벽 공원 및 기념관
보난자
프라터 가르텐
문화 양조장
브루넨 슈트라세
화해의 교회
브루넨 슈트라세
인발리덴 슈트라세
오첼로트
브루넨 슈트라세

프렌츨라우어 베르크

memoriam
Und Gott wird alle
Tränen abwischen
von ihren Augen
Bartel
+ 19·2·1954
Johanna Bartel
geb. Michaelis
+ 29·6·1987

베를린 장벽 Berliner Muaer

베를린 장벽이 사라진 지 한 세대 이상 지났지만, 장벽의 그림자는 아직도 곳곳에 남아있다. 베를린 장벽은 1961년부터 1989년까지 28년간 베를린 시내를 동서로 나누고 통행을 막았던 벽이다. 2차 대전이 끝나고 베를린에 연합군이 주둔하면서 도시는 네 개의 구역으로 나뉘었다. 소련군이 주둔한 지역은 동독의 관할이 되고, 미국, 영국, 프랑스가 주둔한 지역은 서독이 되었다. 하지만 1961년까지는 베를린은 하나의 생활권을 이루는 하나의 도시였다. 시민들은 동서 양쪽을 오가면서 생활했고, 경계를 건너 출퇴근하는 사람만 12만 명이었다. 그러나 1960년대에 들어서서 냉전이 심화되면서 동독 정부는 동독 주민의 탈출을 막기 위해 장벽이 필요하다고 판단했다. 그렇게 길이가 167.8킬로미터에 달하는 콘크리트 장벽이 세워졌다.

동독 사람들에게 서베를린은 자유세계의 진열장과 같은 것이라서 동베를린 주민들의 탈출 시도는 멈추지 않았다. 장벽이 세워지기 전에는 망명을 시도한 사람이 연평균 약 20만 명에 달했으며, 40년 동안 동독 인구의 20퍼센트에 달하는 350만 명이 탈출했다. 난민 중에는 특히 고등교육을 받은 기술자나 지식인층이 많았으며 대부분 청년층이었다. 이에 동베를린의 노동자 부족은 심각해졌고, 동독 정부는 고급 노동력의 유출이 경제는 물론 국가의 존립 자체를 위협한다고 판단했다.

1961년에 정세가 냉각되자 탈출이 러시를 이루었다. 7월 한 달 동안 3만 명이 탈출하고, 8월 12일 하루 만에 3,190명이 탈출했다. 1961년 8월 13일을 기해서 느닷없이 장벽 공사가 시작되면서 많은 사람들이 장벽이 완전히 닫히기 전에 국경을 넘었다. 심지어 월경한 동독 경비대원만 85명이었다. 그러나 장벽이 세워진 뒤에도 국경을 넘으려는 시도들이 계속되었다. 물론 희생을 수반하는 일이었다. 장벽이 세워진 이후 약 5,000명이 탈출한 것으로 추정하며, 탈출 과정에서 약 245명이 사망했다고 하지만 확실한 수치는 아니다.

베를린 장벽은 1989년 11월 9일 저녁에 무너졌다. 점점 더 자유를 갈망하게 된 동독 민중의 압력이 일으킨 일이었다. 이미 동베를린 지도부에서는 12월에 장벽의 개방을 준비하고 있었다. 이런 분위기에서 공식 발표가 나오기 전에 국경수비대의 착오로 문이 열렸고, 서독 방송들이 장벽이 열렸다고 보도해 버렸다. 이에 방송을 들은 수천 명의 동베를린 시민이 장벽으로 몰려와서 개통을 요구했으며, 당시 정확한 지침을 받지 못했던 동독의 국경수비대는 군중들의 요구와 지휘관들의 오판으로 문을 열었다. 돌이킬 수 없었다.

그날로 동베를린 주민들이 몰려오자 서베를린 시민들은 열광적으로 환영했다. 술집들은 맥주를 무료로 주었고 서베를린 시장은 난민에게 숙박시설을 제공했다. 서베를린의 스파르카세 은행은 난민 1인당 100마르크의 환영비도 지급했다. 베를린 장벽의 붕괴는 벽 하나가 무너진 데 그치지 않고 동독 정권의 붕괴와 독일의 통일로 이어졌다. 결국 냉전이 종식되고 동유럽 국가들은 자유화의 길로 가게 되었다.

베를린 장벽은 높이 3.6미터에 폭 1.2미터의 L자 형태(아래의 긴 부분이 동베를린을 향하게 세운다)의 강철 콘크리트 구조물을 이어 붙인 것이다. 하나의 무게가 2.75톤인 이 구조물은 모두 4만 5,000개가 만들어졌다. 현재 남아있는 장벽에는 대부분 벽화가 그려져 있는데, 그중에 예술적 가치를 인정받은 것들은 베를린을 비롯한 유럽 주요 도시의 경매장에서 거래될 정도로 예술적, 역사적 가치를 인정받는다.

베를린 장벽 공원

베를린 장벽 공원 및 기념관 Berliner Mauerpark & Gedenkstätte Berliner Mauer

베를린에 왔다면 통한과 비극의 현장이었던 베를린 장벽을 둘러보는 것이 마땅할 것이다. 특히 우리 같은 분단 민족은 각별한 감동을 받게 된다. 조용한 거리인 베르나우어 슈트라세Bernauer Straße 한쪽에 잔디와 잡초가 어우러져 있다. 넓은 길 양쪽으로 공동주택들이 늘어서 있다. 그러다가 풀밭 위에 녹이 슨 쇠기둥들이 나타나기 시작한다. 이것은 베를린 장벽을 기념하기 위해서 세운 일종의 기념비인데, 여기를 장벽 공원이라 부른다. 이어 철거되지 않은 장벽이 나타난다. 이 지역은 베를린 장벽이 지나가던 자리로서, 장벽의 일부를 보존하고 있다.

베를린 장벽 공원

1998년에 완성된 기념비는 60미터에 걸쳐 있다. 장벽 바로 옆까지 아파트들이 들어선 이곳은 과거에 탈출이 많이 시도되었고, 그만큼 희생자도 많았던 장소다.

장벽을 따라 풀밭을 천천히 걸으면 아파트 벽에 걸린 사진이나 그림 등을 볼 수 있다. 아파트의 높은 층에서 장벽 너머로 아이를 던졌던 사진이 유독 인상적이었다.

이곳에서는 매주 일요일 아침마다 벼룩시장이 열리는데, 베를린에서 가장 규모가 큰 벼룩시장이다. 푸드트럭들이 모여들고 버스킹 공연도 벌어진다. 길 건너편에는 베를린 장벽 기념관이 있다. 안에는 전시장과 세미나실 등이 있고, 5층에서는 장벽 공원과 기념비 전체를 조망할 수 있다.

화해의 교회 Versöhnungskirche

베를린 장벽 기념비가 있는 풀밭을 걷다 보면 중간에 어떤 흔적들을 발견하게 된다. 부서진 종鐘이나 녹슨 철문 혹은 철제 장식 같은 것도 방치되어 있다. 어떤 건물의 상흔처럼 보인다. 아니나 다를까, 더 걸어가면 어떤 교회에 대한 안내가 붙어있다. 여기에 1892년에 세워진 '화해의 교회'가 있었다. 75미터짜리 첨탑을 가진 신고딕 양식의 건물이었다. 그런데 1961년 베를린 장벽이 교회 바로 옆을 지나가게 되었다. 그래서 장벽 반대편에 살던 교인들이 교회에 올 수 없었다. 장벽은 교회를 가려버렸고, 종탑은 경비대의 망루로 사용되었다. 결국 동독 정부는 1985년에 교회를 철거했다. 안타까운 역사의 순간이었다.

화해의 예배당 Kapelle der Versöhnung

장벽 기념비 옆에 화해의 예배당이 있다. 이 작은 예배당은 개성적인 건축미로나 설립의 의미로나 베를린에서 가장 독특한 교회일 것이다. 베를린에서 가장 아름다운 예배당을 묻는다면 나는 이곳을 꼽겠다.

화해의 교회가 철거된 것은 교인들에게 슬픔이자 상처였다. 또한 이는 분단을 상징하는 사건이기도 했다. 통일이 되자 상처를 기억하고 치유하기 위해 신도들은 새로운 교회를 짓기로 했다. 페터 자센로트와 루돌프 라이터만이 설계한 이 교회는 외장재가 전나무 각목이며, 흙으로 이루어진 내벽은 점토예술가 마르틴 라우흐의 솜씨다. 그는 점토로 어머니의 자궁과 같은 타원형의 공간을 빚었다. 이전에 철거된 화해의 교회의 잔재에서 수거한 재료들을 이 흙벽 속에 넣어, 벽에는 돌이나 유리조각 등이 드러나 있다. 2000년에 완성된 이 교회는 화해의 예배당으로 불린다(독일에서는 목사가 상주하는 곳을 교회, 신도들끼리 모여 예배만 보는 곳을 예배당이라고 부른다).

2017년에는 오르간이 설치되었는데, 이 오르간은 화해의 예배당을 위한 '화해의 소리'를 내게끔 특별히 설계되었다. 즉 베를린을 점령한 네 점령국의 특징적인 소리를 내게끔 만들어진 것이다. 화요일부터 금요일까지 매일 정오에 15분간 장벽 희생자들을 위한 기도의 시간을 갖는다.

조각상 「화해 reconciliation」

화해의 교회 앞 풀밭에는 남녀가 무릎을 꿇은 채로 껴안고 있는 감동적인 모습을 담은 청동상이 있다. 두 사람은 서로 반가워하지만, 상체만

화해의 예배당

껴안을 뿐 다리는 뒤에 떨어져 있어서 안타까워 보인다. 이 조각상의 제목은 「화해」다. 영국 조각가 조세피나 드 바스콘셀루스의 작품으로, 원래는 1977년에 영국 브래드포드 대학에 세워졌던 것이다. 드 바스콘셀루스는 2차 대전 이후에 대륙을 가로질러 남편을 찾으러 갔다는 여인의 사연을 읽고 이 청동상을 제작했다. 처음 제목은 「재결합reunion」이었는데, 작가는 그 의미가 사람들의 재회뿐만 아니라 나라 간의 화해에도 적용된다고 말했다. 이후 1994년에는 그녀의 90회 생일을 맞아 「화해」라는 새로운 이름을 가진 두 번째 조각상이 발표되었다. 이 조각상은 2차 대전으로 폐허가 된 코번트리의 성 마이클 성당에 설치되었다. 이후로 이 조각은 전쟁으로 파괴된 장소에 인간 화해의 상징으로 세워졌다. 그

조각상 「화해」

리하여 벨파스트와 히로시마에도 설치되었으며, 1999년에는 베를린의 화해의 예배당 앞에도 세워진 것이다.

한참을 바라보았다. 전쟁으로 헤어졌던 많은 사람들이 이렇게 재회하고 화해도 했을 것이다. 하지만 다시 만날 수 없었던 사람들이 더 많았으니, 그 사람들을 대신하여 이렇게 쇳덩이가 껴안고 있는 것이 아닐까.

문화 양조장 Kulturbrauerei

쿨투어 브라우어라이는 '문화 양조장'이라는 뜻인데, 말 그대로 폐쇄된 양조장을 문화공간으로 만든 곳이다. 과거 슐트하이스 브라우어라이Schultheiß Brauerei라는 맥주공장이었는데, 2001년에 문화공간으로 새로 태어났다. 안에는 공연장, 박물관, 영화관, 회의장, 강의실, 미술학교 등이 있다. 고색창연한 공간에서 문화를 즐길 수 있다.

보난자 Bonanza Coffee Heroes

장벽 공원 앞에 있는 커피숍으로, 베를린에 커피 유행을 일으킨 선구적인 가게 중 하나다. 에스프레소와 드립 커피가 모두 좋다. 날이 좋으면 앞에 있는 벤치에서 마실 수도 있다.

오첼로트 ocelot, not just another bookstore

멋진 서점이다. 책뿐만 아니라 카페도 있으며, 다양한 문구류와 소품 그리고 기념품도 판매한다. 비교적 사람이 적어서 책을 읽거나 요기를 하며 쉬기에도 좋은 곳이다. 독립출판 서점으로서 직접 출판도 하고 있다.

프라터 가르텐 Prater Garten

비어가든이지만 솔직히 음식은 그저 그렇다. 하지만 1837년에 문을 연 유서 깊은 장소로, 19세기 말 베를린 서민들의 비어홀 분위기를 간직하고 있다. 다양한 연령대의 현지인과 관광객이 모두 섞여서 즐거운 분위기를 연출한다. 여름이면 여기서 제조한 프라터 비어Prater Beer를 정원에서 마시는 분위기가 그만이다. 노래 「베를린의 공기Berliner Luft」의 작곡가 파울 링케의 오케스트라가 여기서 연주를 했던 적도 있다.

도로텐슈타트 묘지 Dorotheenstadt Friedhof

나는 유럽의 주요 도시를 방문할 때면 자주 묘지를 찾는다. 묘지에 가면 그 도시에서 태어난 사람이 아니라 죽은 사람들이 누군지 알 수 있고 그들을 만날 수도 있다.

여행이란 결국 건축물이 아니라 사람을 만나는 것이다. 사람의 정신이 세운 공간이 도시다. 어떤 도시에서 태어났다는 것은 그 사람의 의지와는 관계없는 일이지만, 어떤 도시에서 죽었다는 사실은 그의 의도와 사상을 말해준다. 그러므로 묘지는 나에게 흥미로운 공간이자 사당祠堂이며 학교다. 나는 묘지에서 내 인생과 나 자신을 되돌아볼 기회를 갖는다.

파리나 빈 같은 도시에는 관광코스가 되어버린 묘지도 있다. 그러나 베를린은 아직 그렇지 않다. 베를린에서 가장 의미 있는 묘지는 도로텐슈타트 묘지다. 18세기 후반에 조성되었는데, 점점 저명한 사람들이 묻히고 유명한 조각가나 건축가들이 묘지를 디자인하면서 유명해졌다. 베를린시는 정치와 문화 분야에서 탁월한 업적을 낸 사람을

FREDERIC THISSEN
Erich Woserau
Anna Woserau
Dr. rer. oec.
Peter Armelin
25.1.1939 - 28.6.2013
Brigitte
Baumgarten
Irmgard Pischner
geb. Bialas
Sternberg

도로텐슈타트 묘지

베르톨트 브레히트와 그의 아내 헬레네 바이겔의 묘비

기리기 위해서 여기에 명예 묘역을 만들었다. 철학자 헤겔과 마르쿠제, 작가 베르톨트 브레히트와 그의 아내 헬레네 바이겔, 소설가 하인리히 만, 소설가 안나 제거스, 건축가 카를 프리드리히 쉰켈과 그의 제자인 프리드리히 아우구스트 슈튈러, 영화감독 프랑크 바이어 그리고 작곡가 한스 아이슬러 등이 잠들어 있으며, 이곳의 많은 묘석을 만든 조각가 요한 고트프리트 샤도의 묘도 여기 있다.

인발리덴 묘지 Invalidenfriedhof

'보병의 묘지'라는 뜻처럼 프로이센의 역대 전쟁 영웅들을 위한 묘지다. 1748년에 프리드리히 2세에 의해서 조성된 이곳은 베를린에서 가장 오래된 묘지로서, 주요 전쟁의 전사자들이 많이 묻혀 있다. 특히 예술적인 묘비들이 많다. 나폴레옹 전쟁의 영웅 게르하르트 폰 샤른호르스트 장군이나 1차 대전에서 붉은 전투기를 타고 적을 무찔러 '붉은 남작'으로 불린 전설의 조종사 만프레트 폰 리히토펜의 묘비 등이 유명하다.

함부르크역 미술관Hamburger Bahnhof

유럽을 여행하면서 인상적이었던 것들 중 하나는 거대한 역사驛舍들이었다. 유럽 주요 도시의 철도역들은 크기도 하지만 무척 공들여 지어져서 해당 도시를 대표하는 건물 중 하나로 꼽힌다. 하지만 역들도 시대가 변하면 용도가 바뀌기도 한다. 특히 도시가 팽창하면 기차역도 팽창한 도시의 새 외곽으로 이동한다. 이럴 경우 기존에 역으로 사용하던 역사적인 건물이 시내에 그냥 남게 된다. 그럴 때는 용도를 변경함으로써 건물을 계속 유지할 수 있다. 파리의 오르세역이 훌륭한 미술관이 된 사례는 유명하고, 바덴바덴역은 세계적인 공연장이 되었다. 그런 그들의 건물들을 볼 때마다 과거의 건물들을 개발논리에 따라 없애버린 우리를 돌이켜보게 된다.

베를린에도 그런 경우가 있다. 베를린 중앙역의 건너편에 낡은 역사가 있었다. 과거 함부르크로 떠나는 열차가 출발하여 함부르크 철도역이라고 불리던 곳이다. 하지만 철도가 중앙역으로 통합되면서 여기는 더 이상 역의 역할을 하지 않는다. 그러다 1996년에 현대미술관으로 재탄생한 것이다. 미술관임에도 과거의 역 이름을 그대로 이어받은 이곳은 지금 베를린에서 가장 중요한 현대미술관 중 하나다.

함부르크역 미술관

안으로 들어가면 넓은 내부가 나를 맞는다. 처음 그곳에 들어갔을 때 가장 놀라웠던 것은 홀을 가득 채운 한스 아이슬러의 음악이었다. 그 음악은 여기가 예술의 도시인 베를린임을 알려주고 있었다. 세계 어디의 공공장소에서 아이슬러의 음악을 들을 수 있을 것인가? 원래 여기는 역의 중앙홀이었다. 그 공간을 분할하지 않고 통째로 살려서 여러 가지 전시를 하고 있다.

홀 옆으로는 작은 통로가 이어지는데, 거기로 들어가면 마치 지하철역의 통로로 환승하러 가는 듯한 기분이 든다. 과거에 역이었음을 알 수 있도록 역에 붙어있던 안내판이나 광고판도 그대로 남겨 두었다. 연결통로를 지나면 넓은 복도가 나온다. 이곳은 이전의 플랫폼이다. 주로 화물이 내리던 곳으로, 플랫폼을 따라서 화물 창고들이 늘어섰다. 그

함부르크역 미술관 내부

창고들은 전시장으로 바뀌었고 플랫폼의 인도 부분이 복도가 되었다. 그래서 우리는 복도를 걸어서 이 창고 저 창고를 기웃거리게 되는 것이다. 과거에 창고였기 때문에 작품을 들이거나 빼는 작업도 용이하다. 철도가 놓여 있던 트랙 위로 트럭이 와서 창고 문을 열고 작품을 넣고 빼면 된다. 지금 우리의 역을 상상해 보자. 고속전철의 건설로 용도 폐기된 지방의 낡은 역사들을 충분히 이용할 수 있겠다는 생각이 든다.

여기는 20세기 후반의 작품들이 중심을 이루고 있는데, 요제프 보이스와 앤디 워홀의 작품이 가장 많다. 그 외에 사이 트웜블리, 안젤름 키퍼, 데미언 허스트, 브루스 나우만, 로버트 라우센버그 등 독일과 미국의 현대 작가들의 작품들이 잘 전시되어 있다. 그러나 함부르크역 미술관은 전시작품보다는 미술관 자체가 현대미술의 현주소를 말해주고 있다. 이 미술관은 잘 지어진 멋진 장소에서만 미술 전시가 가능한 게 아니라고 말한다. 관객들은 이 미술관의 미로 같은 복도 위를 적극적으로 돌아다닌다. 여기는 최고의 '살아있는' 현대미술관이다. 나도 이 안에서, 살아있는 베를린 속에서 심장이 펄떡이며 살아있다.

베를린 중앙역 Berlin Hauptbahnhof

현대건축의 전시장이라고 불리는 베를린에서도 대표적인 현대건축물로 꼽히는 건물 중 하나가 중앙역이다. 2006년에 개장한 이곳은 베를린을 오가는 대부분의 기차가 들어오고 나가는 관문이다. 기존에 여러 역이 나누어 담당했던 역할들을 통합하여 한 건물에서 관리하는 현대식 역사로, 세계적으로 주목받는 곳이다. 간선 철도와 지역 철도 및 S반과 U반, 즉 트램과 지하철까지도 같은 건물로 들어와 모든 대중교통을 연

베를린 중앙역

베를린 중앙역 내부

계하고 통합하는 이 역은 독일 건축가 마인하르트 폰 게르칸의 설계로 만들어졌다.

안으로 들어가면 타워형의 건물 중앙에서 끊임없이 움직이는 여러 대의 에스컬레이터와 좌우에 포진한 많은 상점들이 마치 거대한 쇼핑센터에 들어온 기분이 들게 한다. 지하 5층부터 지상 3층까지 입체적으로 플랫폼이 설치돼 있고, 많은 열차가 서로 다른 층으로 들어선다. 이 입체적인 구조 덕에 여행객은 에스컬레이터만 계속 바꿔 타면서 내려가거나 올라가면 쉽게 환승할 수 있다.

역사는 외면 전체가 유리로 되어 있으며, 열차가 들어오고 나가는 플랫폼 역시 유리로 된 튜브 형태여서 독특해 보인다. 한 해 이용객이 1억 5천만 명에 이르는 이 역은 현재 유럽에서 행선지가 가장 많으니, 유럽 전체의 중앙역인 셈이다. 운행표를 보면 러시아의 노보시비르스크와 카자흐스탄의 누르술탄까지 나온다. 언젠가는 여기서 부산이라는 지명이 뜰 것이다.

콘디토라이 부흐발트 Konditorei Buchwald

베를린에서 맛있다고 인정받는 과자 가게다. 160년의 역사를 지닌 이곳은 유명한 케이크인 바움쿠헨Baumkuchen으로 명성을 쌓았다. 하지만 다른 케이크나 과자도 대부분 맛있어서 선택이 힘들 정도다. 식사를 하거나 커피를 마시기에도 좋은 카페로서, 아침 식사도 된다.

콘디토라이 부흐발트

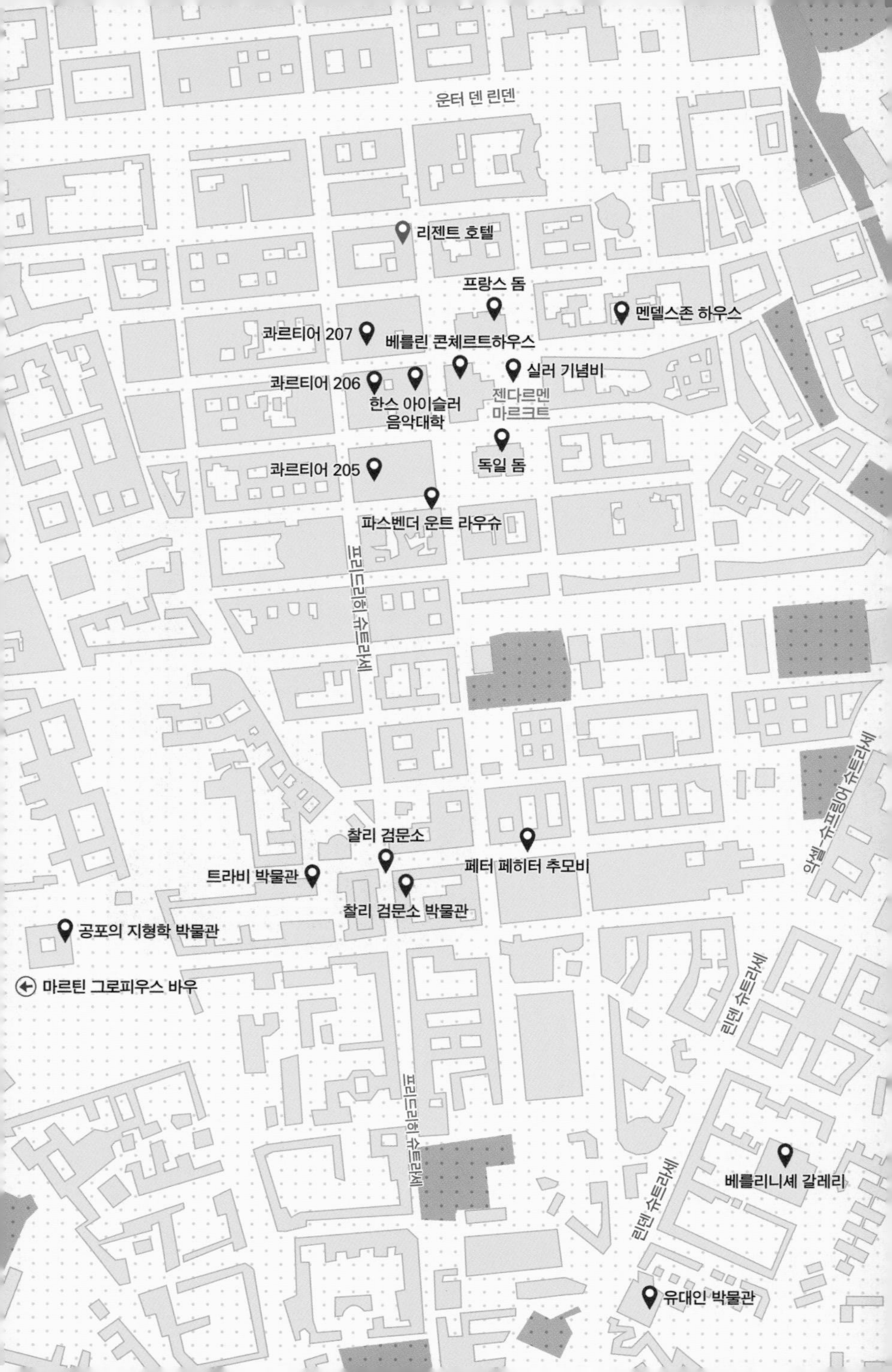

운터 덴 린덴
리젠트 호텔
프랑스 돔
멘델스존 하우스
콰르티어 207
베를린 콘체르트하우스
콰르티어 206
실러 기념비
한스 아이슬러
음악대학
젠다르멘
마르크트
독일 돔
콰르티어 205
파스벤더 운트 라우슈
프리드리히 슈트라세
아셀-슈프링어 슈트라세
찰리 검문소
페터 페히터 추모비
트라비 박물관
찰리 검문소 박물관
공포의 지형학 박물관
마르틴 그로피우스 바우
린덴 슈트라세
프리드리히 슈트라세
린덴 슈트라세
베를리니셰 갈레리
유대인 박물관

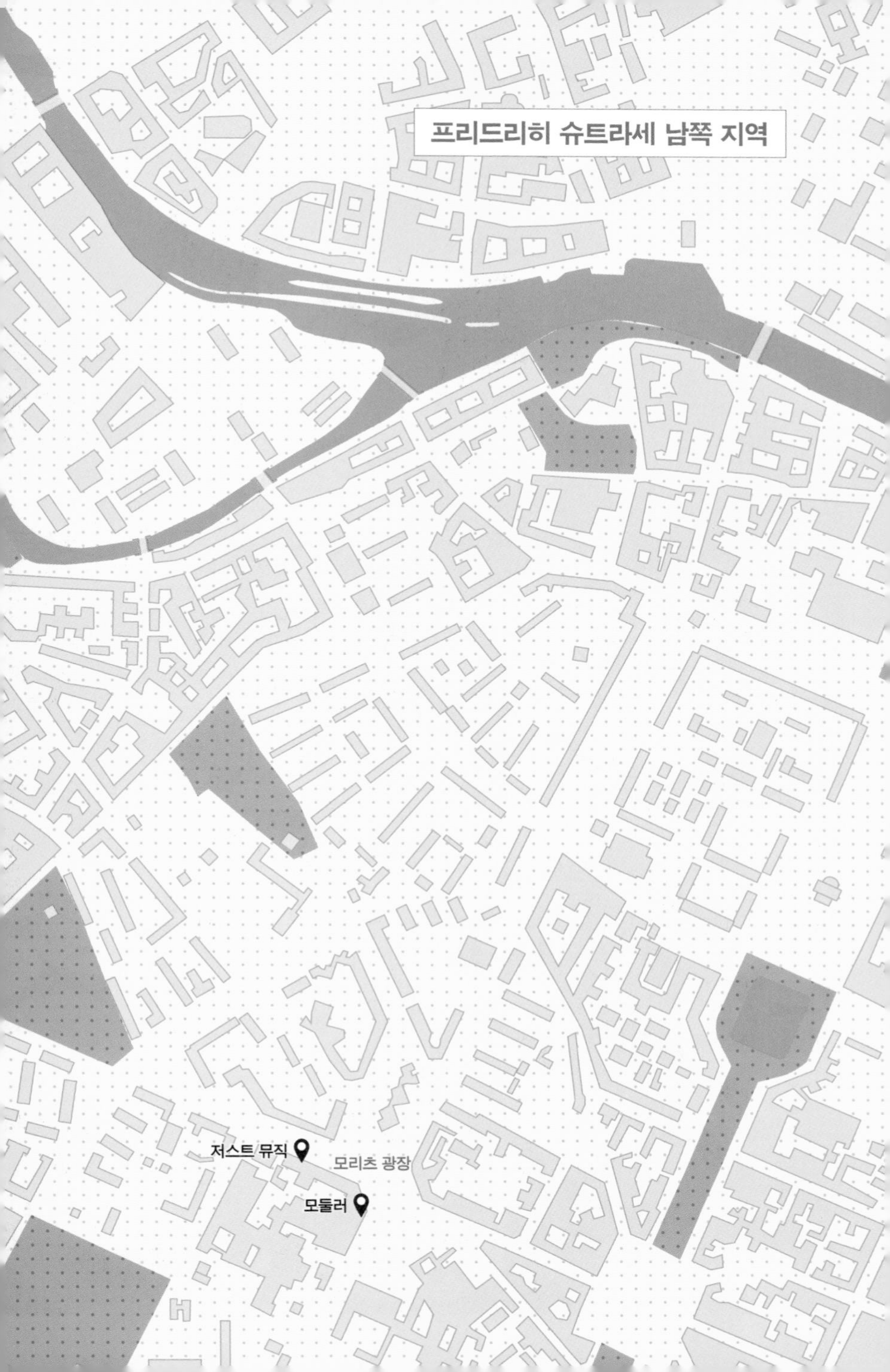

프리드리히 슈트라세 남쪽 지역
저스트 뮤직
모리츠 광장
모둘러

프리드리히 슈트라세 남쪽 지역

프리드리히 슈트라세 Friedrichstraße

원래 베를린에서 가장 유명한 쇼핑가는 서베를린의 쿠담 거리였다. 물론 지금도 그곳은 화려하다. 하지만 통일 이후 한 세대가 지난 지금의 베를린에서 새롭게 떠오른 쇼핑가는 프리드리히 슈트라세다. 우리의 세종로처럼 독일에서 가장 유명한 왕의 이름을 딴 거리다. 프리드리히 슈트라세는 운터 덴 린덴과 수직으로 교차하여 남북으로 뻗어 있다. 운터 덴 린덴과 만나는 교차점을 중심으로 그 북쪽과 남쪽의 분위기가 다르다. 즉 운터 덴 린덴 남쪽의 프리드리히 슈트라세가 보다 화려하고 고급스러우며, 북쪽은 보다 대중적이다.

사실 프리드리히 슈트라세는 베를린이 나뉘기 전부터 관청과 사무실 그리고 극장과 박물관 등이 있었던 요지였다. 하지만 지금 우리가 보는 거리는 대부분 2차 대전으로 파괴된 뒤 통일 이후에 새로 세워진 것이다. 북쪽으로는 프리드리히 슈트라세역까지, 남쪽으로는 찰리 검문소까지가 대략 여행자들이 걸어 다니면서 구경할 만한 범위다.

콰르티어 207, 206, 205 Quartier 207, 206, 205

프리드리히 슈트라세에는 건축적으로 중요한 세 채의 백화점 건물이 연이어 서 있어서 거리의 랜드마크가 되었다. 이 건물들은 북쪽에서부터 순서대로 콰르티어 207, 206, 205라고 (마치 주소를 부르듯이) 부른다.

콰르티어 207 혹은 갈레리 라파예트 Galeries Lafayette

세 건물 중 가장 북쪽에 있는 콰르티어 207은 갈레리 라파예트라고도 불린다. 파리 라파예트 백화점의 베를린점에 해당하며, 개관했을 때 파리의 화려함과 우아함을 베를린에서 접할 수 있다고 해서 유명해졌다. 상품도 프랑스 제품이 주종을 이루어 독일의 다른 어디보다도 프랑스 물건을 많이 만날 수 있다. 또한 지하층 식품부에서 볼 수 있는 프랑스 식품들은 베를린 상류층의 또 다른 단면을 보여준다. 특히 프랑스 와인만을 취급하는 대형 와이너리는 엄청난 컬렉션을 자랑한다.

하지만 상품에 관심이 없어도 괜찮다. 이곳의 가치는 건물에 있다. 프랑스의 세계적인 건축가 장 누벨의 설계로 유명한데, 누벨의 상업용 건물 중에서 가장 중요한 것으로 평가받는다. 내부 중앙에는 원추형으로 넓게 비워진 공간이 있어서 파리 라파예트의 독일 버전임을 알 수 있다. 상자 같은 건물의 내부에 이렇게 파격적인 구조가 있다는 사실은 분명 즐거움을 안겨줄 것이다.

콰르티어 206

갈레리 라파예트의 남쪽으로 콰르티어 206, 205가 있다. 건물의 크기는 거의 같지만, 세 건물의 양식은 각기 다르다. 길을 건너면서 하나

콰르티어 206

씩 찾아도 되지만, 먼저 외관만 본 다음에 지하를 통해서 들어가 보기를 권한다. 207의 지하에 있는 식품부를 구경하고 나면 206으로 이어지는 지하통로가 있다. 통로에도 입주해 있는 세련된 가게들이 눈길을 빼앗는다. 잘 살펴보면 통로 중간에 인테리어가 바뀌는 것을 알 수 있다. 건물이 바뀌는 것이다.

콰르티어 206은 아르데코풍의 건물로 미국 건축가 헨리 콥의 작품이다. 흑백의 조화가 세련돼 보이는데, 압권은 지하의 카페에서 지상 1층까지 이르는 중앙 계단실이다. 넓은 계단 위에 서서 보는 실내는 격조가 넘친다. 건축이나 디자인 혹은 패션에 관심이 있는 사람이라면 쇼핑하지 않더라도 들러볼 만한 곳이다.

콰르티어 205

다시 지하를 통해 205로 가 보자. 역시 중간에 복도의 분위기가 변하며 캐주얼해지는데, 독일 건축가 오스발트 웅거스의 작품이다. 205의 지하에 도착하면 가운데에 커다란 카페가 나타난다. 화려한 디자인의 의자들이 눈길을 끄는데, 여기 앉아서 지친 몸을 추스르자. 멋진 아저씨가 은은하게 피아노를 치고 재즈를 흥얼거리기도 한다. 하지만 여기서 가장

콰르티어 205에 있는 존 챔벌레인의 작품

중요한 것은 조각가 존 챔벌레인의 거대한 작품이다. 폐차장에 버려진 자동차들을 눌러서 만든 그의 작품들 중에서도 아주 큰 편에 속한다. 카페의 소파에 몸을 깊숙이 넣고 고개를 들어서 작품을 올려다본다. 지하에서 시작된 작품의 높이는 지상 4층에 이른다. 어떻게 이곳으로 들어왔을까? 들어올 수가 없는 크기다. 건물을 만들기 전부터 이 작품을 설치할 것을 염두에 두고 건물과 함께 여기서 제작하여 세웠을 것이다. 건물의 밝은 색채와 채광이 작품을 돋보이게 해준다. 어떻게 이런 미술 작품을 상업 건물의 주인공으로 삼을 생각을 했을까 하는 경외심이 생긴다.

젠다르멘 마르크트Gendarmenmarkt

콰르티어 205, 206, 207의 뒤편에는 멋진 광장이 있다. 이곳에 들어서는 순간 갑자기 앞이 환해지고 사방이 탁 트인 느낌을 받는데, 그와 동시에 아름다운 건물들이 탄성이 나올 만큼 멋지게 배치된 모습을 볼 수 있다. 실은 프리드리히 슈트라세 방향이 아니라 그 반대편, 즉 동쪽에서 접근하는 쪽이 보다 감동적이다. 여기가 바로 고대 그리스의 한가운데로 들어온 듯한 기분을 선사하는 광장인 젠다르멘 마르크트다. 이름이 독특하여 외우기도 어렵다. 프랑스의 십자군 부대인 장 다름Gens d'armes의 이름을 딴 것이다. 베를린의 도심이 확장되던 1688년에 요한 아르놀트 네링의 설계로 광장이 건설되었다.

세 채의 큰 건물이 이 광장의 전체적인 인상을 좌우한다. 가운데에 있는 것이 콘체르트하우스며, 그 좌우로 쌍둥이처럼 마주 보는 두 건물이 프랑스 돔과 독일 돔이다. 시민들은 이 멋진 광장을 베를린에서 가장 아

젠다르멘 마르크트

름다운 장소로 꼽기도 한다. 세 건물이 조화를 이루는 광장의 모습은 완벽하다. 특히 노란 조명이 들어올 때의 저녁 풍경은 유럽 전체에서도 손꼽힐 만하다. 거의 애절함까지 자아내는 장관이다.

실러 기념비 Schillerdenkmal

젠다르멘 마르크트 광장 중앙에는 독일의 문호 프리드리히 실러를 기념하는 기념비가 서 있다. 이 기념비는 1859년에 실러의 탄생 100주년을 맞아서 계획되어 1871년에 완성되었다. 조각상은 라인홀트 베가스의 작품이다. 실러의 상 아래에 네 가지의 예술 장르를 상징하는 네 여신상이 시인을 둘러싸고 있다. 그들은 각기 비극, 서정시, 철학 그리고 역사를 대표한다.

베를린 콘체르트하우스 Konzerthaus Berlin

베를린을 찾는 사람들은 대개 베를린 필하모니에 가 보자고 생각할 것이다. 그런데 베를린에는 역사적으로 필하모니보다 중요한 연주장이 있다. 이 극장은 1821년 카를 프리드리히 쉰켈의 설계로 세워졌는데, 원래 이름은 '연극 극장'이라는 뜻의 샤우슈필하우스Schauspielhaus였다. 왕은 쉰켈에게 오페라 공연이 가능한 시설은 물론이고 식당, 무도장, 연회장, 세트와 의상 보관실 등의 제반 시설까지 함께 갖춘 극장을 요구했다. 쉰켈은 그 요구를 모두 수용하고도 아름다운 외관을 완성했다. 쉰켈이 만든 극장의 규모와 위엄은 슈타츠오퍼와는 비교할 바가 아니다. 2층에 있는 입구로 이어지는 정면의 높은 계단이 압도적이다. 그 위에는 도리아식 원주가 파르테논 신전 같은 삼각형 2중 박공을 떠받

베를린 콘체르트하우스

치고 있다. 2중 박공을 가진 극장으로는 이곳 외에도 모스크바 볼쇼이 극장과 뮌헨의 바이에른 국립 오페라극장이 유명한데, 베를린 콘체르트하우스가 그중 가장 균형감이 넘치고 당당하고 우아하다. 종합예술의 전당이라고 하기에 손색이 없는 쉰켈의 걸작이다.

그러나 2차 대전 중의 공습으로 극장은 파괴되었다. 다시 문을 열기까지는 40년을 기다려야 했다. 1984년에야 문을 열었는데, 이때는 콘서트장이 되었다. 동베를린은 이미 슈타츠오퍼와 코미셰 오퍼를 갖고 있었으니 극장을 또 복원할 이유가 없었던 것이다. 그래서 외부만 복원하고 내부는 콘서트홀로 만들었다.

1989년 장벽이 무너졌을 때 사람들은 환호했다. 이를 기념하여 그해 12월 25일에 연합 오케스트라가 베토벤의 『합창』 교향곡을 연주한 곳이 바로 여기다. 그 '베를린 장벽 붕괴 기념 콘서트'에는 베를린에 주둔했던 연합국 4개국의 대표적인 오케스트라 주자들과 동서독의 악단이 참여했다. 여섯 오케스트라의 음악가들이 모여 레너드 번스타인의 지휘 아래 '환희의 송가'를 연주하는 장면은 고전음악에 관한 영상 중에서 가장 의미 깊은 기록 중 하나로 꼽힌다.

통일이 되자 콘체르트하우스는 필하모니와 함께 베를린 고전음악 공연의 양대 메카가 되었다. 지금은 베를린 방송 교향악단과 베를린 콘체르트 오케스트라 등이 이곳에서 많은 콘서트를 한다. 대연주장의 음향은 뛰어나며, 그 외에도 소연주장과 카페, 식당 등이 있다. 비록 쉰켈의 인테리어와는 달라졌지만 지금도 장엄하고 감동적인 공간이다. 대연주장은 흰색 인테리어가 인상적인데, 세 면이 음악가들의 흉상으로 둘러져 있어 고전음악의 전당임을 웅변한다. 바흐, 헨델, 글루크, 하이

베를린 콘체르트하우스

든, 모차르트, 베토벤 등으로 이어지는 30여 작곡가들의 면모는 과연 독일이 고전음악의 나라임을 실감케 한다. 그리고 내가 그 한가운데에 있구나 하고 감동하게 된다.

공연이 끝나고 밖으로 나오면 안에서 펼쳐졌던 고전음악의 향연과는 다른 세계가 펼쳐진다. 조명이 분위기를 고조시키는 광장 여기저기서 악사들이 공연을 펼친다. 저쪽에서는 한 노인이 반도네온을 들고 탱고를 연주하고, 이쪽에는 젊은 사내가 색소폰으로 재즈를 연주한다. 야외 테이블에서는 사람들이 맥주잔을 들고 음악에 몸을 맡기고 있다. 광장의 중앙에 있는 잘생긴 사내가 미소를 띤 채 그 광경을 바라보고 있다. 독일 예술의 많은 물길이 이 청년 실러로부터 흘러왔다고 해도 과언이 아니다. 실러가 지켜보는 가운데, 나는 지금 밤바람에 취해 있다. 천 년을 불어왔을 바람에.

프랑스 돔 Französischer Dom

젠다르멘 마르크트의 가운데에 있는 콘체르트하우스의 양편에는 같은 모양의 두 건물이 마주 보고 서서 광장의 풍경을 완성한다. 북쪽에서 남쪽을 보고 있는 것이 프랑스 돔이다. 1685년에 프랑스의 루이 14세가 신교도들을 추방하자 많은 위그노 교도들이 독일로 넘어왔다. 프리드리히 1세는 교육 수준이 높고 기술을 갖춘 그들을 적극적으로 받아들였다. 그들은 베를린 궁전의 건설에 참여하는 등 베를린의 발전에 기여하면서 정착했다. 이후 위그노 교도들은 포츠담 칙령에 의해 종교의 자유와 시민권을 보장받았다. 프리드리히 1세는 당시 대립하던 프랑스의 위그노 교도와 독일의 루터 교도 모두에게 교회를 허락하여, 광장 북쪽에는 프랑스 교회가, 남쪽에는 독일 교회가 세워졌다.

교회는 1705년에 완성되었다. 얼핏 보면 돔형의 탑을 교회라고 생각할 수 있지만, 엄밀히 따지면 그 부분은 교회가 아니고 넓은 건물만 교회다. 1785년에 카를 폰 곤타르트가 설계한 돔형의 탑은 애초에는 별개의 건물이었다. 현재 탑의 내부는 위그노 교도 박물관이다. 돔형 탑에 올라가면 전망대가 있으며, 교회의 테라스와 지하에는 레스토랑이 있다. 날씨가 좋은 날에는 광장을 바라보면서 즐기기에 좋다.

독일 돔 Deutscher Dom

젠다르멘 마르크트의 프랑스 돔 맞은편에는 같은 모양의 독일 돔이 세워졌다. 1708년에 독일 루터파를 위해 세운 것이다. 이쪽 역시 탑은 별개의 건물로서, 카를 폰 곤타르트가 설계했다. 원래 '돔'은 가톨릭의 대성당을 뜻하는 말이다. 큰 성당이 아니라 대주교가 있는 성당이라는

프랑스 돔

의미다. 그런데 여기 있는 프랑스 돔이나 독일 돔은 그런 지위가 없다. 즉 건물 위에 세워진 구형球形을 보고 돔이라고 부르는 것이니, 헷갈리지 말아야겠다(박물관 섬의 베를린 돔도 마찬가지다). 이상의 교회들은 개신교회이며, 현재 베를린의 가톨릭 대성당은 성 헤드비히 대성당이다(정작 이곳은 돔이라는 이름을 쓰지 않는다). 지금 독일 돔은 연방 의회가 관장하는 박물관으로서, 독일 민주주의의 역사를 전시하고 있다.

파스벤더 운트 라우슈 Fassbender und Rausch Schokoladen

독일 돔 뒤편에 건물 하나가 모두 초콜릿 가게인 곳이 있다. 파스벤더 운트 라우슈는 1918년에 설립되어 100년이 넘은 유서 깊은 가게다. 우아한 인테리어가 인상적인 내부에는 초콜릿 가게뿐만 아니라 델리와 카페 등도 있다. 초콜릿을 주제로 한 식당도 있다.

한스 아이슬러 음악대학 Hochschule für Musik "Hanns Eisler"

베를린에서 빠뜨릴 수 없는 음악기관이 한스 아이슬러 음악대학이다. 유럽에서도 손꼽히는 음악학교 중 하나다. 베를린이 분단되자 당시의 베를린 예술 아카데미가 서베를린 지역으로 넘어가게 되어, 동베를린에서 1950년에 설립한 음대다. 1964년에 이 학교의 교수이자 현대음악가인 한스 아이슬러가 사망하자 그의 이름으로 교명을 바꾸었다. 2005년부터 젠다르멘 마르크트의 건물에 자리 잡았다.

이 학교는 이름처럼 현대음악의 교육에 강하다. 또한 재즈도 그들 연구의 중요한 분야로, 재즈에 대한 깊은 연구를 하는 보기 드문 고등교육기관이다. 그러므로 고전음악에서 사용하는 악기들 외에도 드럼이나 아코디언, 기타 등의 악기도 전공할 수 있다. 그 외에도 지휘, 오페라 공연, 오페라 연출 등도 가르친다. 자체적인 오케스트라, 합창단, 재즈 밴드 등을 두고 있으며, 교내에서 자주 연주회가 열린다.

리젠트 호텔 Regent Berlin

젠다르멘 마르크트의 북쪽에 고급 호텔인 리젠트 호텔이 있다. 요제프 파울 클라이호이스의 설계로 1993년에 세워졌다. 내부는 클래식한 분위기로서, 객실이 넓고 발코니가 있는 것이 특징이다. 처음에 포 시즌스 그룹에서 세운 것이지만, 지금은 주인이 바뀌어 포모사 호텔 그룹 소속이다. 호텔의 식당 역시 한때는 베를린 최고의 식당이었지만, 지금은 샬로트 앤 프리츠Charlotte & Fritz로 바뀌었다. 안에 있는 티 앤 로비 라운지는 영국식 티룸으로서, 베를린에서 애프터눈 티를 즐길 수 있는 최고의 장소다. 클래식한 분위기에서 차 한 잔이 필요하거나 쉬고 싶을 때 들르기 좋은 장소다.

멘델스존 하우스 Haus Mendelssohn

젠다르멘 마르크트의 동쪽에는 멘델스존의 얼굴이 그려진 간판이 붙은 건물이 있다. 펠릭스 멘델스존의 부모는 베를린 사람인데, 그들은 함부르크로 가서 멘델스존을 낳았다. 장성한 멘델스존은 지휘자 겸 작곡가가 되어 라이프치히에 거주했지만, 종종 베를린에서 활동하기도 했다.

이 건물은 은행을 운영했던 멘델스존 가문의 은행 및 사무실로 지어진 것이다. 현재의 건물은 1893년에 완공되어 멘델스존 하우스로 이용되고 있는데, 아일랜드 대사관과 멘델스존 협회도 입주해 있다. 중앙 홀은 멘델스존을 기념하는 공간으로, 그의 베를린에서의 활동을 보여주는 기록과 사진들이 전시되어 있다. 주말에는 과거 멘델스존 저택에서 있었던 주말 콘서트를 기리는 음악회가 열린다.

찰리 검문소 Checkpoint Charlie

베를린이 분단되어 있을 때, 분단의 경계를 통과할 수 있는 몇 개의 검문소 중에서 가장 유명한 곳이 찰리 검문소다. 각 검문소의 이름은 알파벳순으로 붙었는데, 이 검문소가 세 번째라서 C 검문소였다. NATO 음성 문자 표기법(포네틱 코드)에 따라 첫 번째 A 검문소가 알파, 두 번째가 브라보, 다음은 찰리, 델타로 불렸다.

동서로 나뉜 독일의 국경은 1952년에 폐쇄되었지만, 그래도 통과해야 하는 경우가 있었다. 동서 베를린 주민들은 프리드리히 슈트라세역을 통해 주로 이동했지만, 외국인은 그곳을 통행할 수 없었다. 그리하여 연합국 사람들이 오갈 수 있는 지점으로 찰리 검문소가 지정되었다. 이후 찰리 검문소는 동서 교통의 요지이자 분단의 상징이 되었다. 와서 보면 정말 별 게 없다. 과거를 흉내 내어 만들어진 초소에서 어설픈 의상을 입은 가짜 미군과 소련군들이 관광객을 상대로 돈을 요구하면서 포즈를 취해준다. 그래도 오늘도 관광객은 몰려온다.

페터 페히터 추모비 Peter Fechter Monument

찰리 검문소 주변에서 일어났던 동베를린 탈출 시도 중에서 가장 유명한 것이 페터 페히터 사건이다. 1962년에 18세 소년 페터 페히터가 이곳으로 탈출을 시도하다가 동독 경비대의 사격에 맞아 당시에 있었던 철조망 사이에 쓰러졌다. 그가 동베를린 구역에 쓰러져서 미군은 그를 구할 수가 없었고, 그는 철조망에 걸려 있다가 숨을 거두었다. 그 모습이 세계로 보도되면서 동베를린의 비극을 널리 알렸다. 부근의 보도에 페터 페히터 추모비가 서 있다. 그 위에는 "그는 다만 자유를 원했다"라는 글씨가 씌어 있다.

찰리 검문소 박물관 Haus am Checkpoint Charlie

찰리 검문소 부근에는 찰리 검문소 박물관이 있어서 관광객들을 유혹한다. 안에는 검문소에 대한 자료와 사진들이 전시되어 있다. 특히 여러 탈출과 베를린 긴장 사건 등에 관한 사진들은 볼 만하다. 사설 박물관으로서 전시의 수준은 높지 않아서 많은 방문객이 실망하기도 한다. 하지만 그래도 입장하는 사람이 여전히 많기 때문에, 미리 언급해 둔다.

트라비 박물관 Trabi Museum

동독에서 생산되었던 자동차 트라반트를 줄여서 트라비Trabi라고 부르는데, 이 차는 옛 동독에 관한 추억 즉 '오스탈기'의 대표적인 아이템이다. 그런 트라비를 전시한 트라비 박물관이 찰리 검문소 부근에 있다. 규모는 크지 않다.

트라반트 Trabant

통일되기 전에는 가볼 수 없었던 동베를린의 모습을 살펴보는 것은 흥미로운 일이다. 또 어쩌면 필요한 일인지도 모른다. 그중의 하나가 자동차다. 전후 서독의 유명한 대중차라면 폭스바겐의 비틀일 것이다. 그런데 동독에서도 비틀에 대응하는 차가 있었으니, 바로 트라반트다. 두 자동차는 모양만 봐도 하나는 딱 서독의 것이고, 다른 하나는 영락없는 동독제다.

지금도 베를린에서 간혹 만날 수 있는 트라반트는 바로 눈에 띈다. 귀엽긴 한데, 결코 잘생긴 편은 아니다. 구 동독 시절에도 인기 있는 차는 아니었다. 그러나 지금 트라반트를 보면 뭐랄까, 역사성이 있을 뿐 아니라, 당시 동독의 상황을 잘 드러내는 것 같다. 그렇게 보면 트라반트의 디자인은 결과적으로 뛰어났다고 말할 수도 있겠다. 독일 역사 박물관에 가면 비틀과 트라반트가 나란히 진열돼 있어서 동서의 자동차를 비교해 볼 수 있다.

트라반트

1955년부터 동독의 츠비카우 공장에서 생산된 트라반트는 동독이 자체 개발한 최초의 자동차 모델이다. 처음에는 차체가 금속이었지만, 제작비와 무게를 줄이기 위해서 나중에는 놀랍게도 솜(!)으로 차체를 만든 모델도 개발되었다. 이는 동독의 열악했던 경제상황과 그들의 집약된 기술을 함께 대변한다. 솜을 이불처럼 평편하게 깔아서 100장을 포개면 상당히 두꺼워질 것이다. 그것을 두께 3밀리미터까지 압축하면 단단한 플라스틱 같은 소재가 만들어진다. 이 소재로 만든 차체는 아주 가벼워서 연료가 적게 들고, 탄성도 좋아서 '쉽게 망가지지 않는 차'라는 칭찬도 받았다. 그러나 점차 동독의 기술력이 뒤떨어지면서 서독의 자동차에 밀리기 시작했다.

트라반트의 대표적인 모델이자 가장 많이 생산된 모델은 P601이다. 그런데 한번 주문하면 차를 인계받기까지 최대 12년이나 걸렸다고 한다. 누가 12년 후에 그 차를 찾아가겠는가? 그래서 이런 농담도 있었다.

"트라반트 P601이 왜 601인지 알아?"
"600명이 주문했다가 12년 후에 찾아가는 사람은 1명이기 때문이지."

영화 「굿바이 레닌」에도 트라반트를 구입하는 대목이 나오는데, 주문한 지 3년 만에 나온 차를 보고 "우리 차는 빨리 나왔다"고 말한다. 구 동독 시절에 이 차는 사랑과 미움을 동시에 받아서 '사랑과 증오를 한 몸에 받은, 망가지지 않는 차'로도 알려졌다. 솜으로 만들어서 잘 부서지지도 않다 보니, 싫어도 없애지 못하고 마당의 구석을 차지하고 있었다는 뜻이다. 이렇듯 트라반트는 밉기도 하도 사랑스럽기도 한, 가족 아니 가축 같은 차였다.

트라반트는 독일이 통일되고도 1년 이상 더 생산되다가 1991년에 생산이 중단되었다. 구 동독 사람들의 꿈 중 하나가 최고의 품질을 자랑하던 서독 자동차를 갖는 것이었기 때문이다. 또한 배기가스를 엄청나게 배출하는 문제 때문에 통일 이후 베를린시가 이 차의 신규 차량 등록을 거부했다는 점도 큰 영향을 끼쳤다.

트라반트는 57년 동안 약 300만 대가 생산되었다. 지금도 관청의 서류상으로는 상당수가 등록되어 있다고 한다. 베를린 시내에서 트라반트를 보기는 어렵고, 수집가들이 집에 가지고 있거나 호사가들이 멋으로 타고 다니는 경우가 대부분이다. 나는 아직도 트라반트를 타고 할아버지가 가게에 가거나 아주머니가 손자를 태우고 가는 모습을 본 기억은 없다. 일상에서 사용하는 트라반트를 한 번 보고 싶다. 통일과 함께 사라진 작은 자동차…. 이제 트라반트는 한 시대의 흔적이자 역사의 유산이다.

공포의 지형학 박물관 Topographies des Terrors

찰리 검문소 옆에 '공포의 지형학'이라는 이름을 가진 박물관이 있다. 일종의 반나치 박물관으로서, 나치가 자행했던 공포 정치의 사례를 전시하는 곳이다. 이 박물관 자리가 게슈타포와 히틀러 친위대인 슈츠슈타펠SS의 본부가 있던 곳이다. 그들에 의해서 자행된 고문, 암살, 인종 말살 등의 실상을 볼 수 있다. 여기에도 베를린 장벽이 일부 남아있다. 스위스의 명 건축가인 페터 춤토어가 건물을 설계했다.

공포의 지형학 박물관

마르틴 그로피우스 바우

마르틴 그로피우스 바우 Martin Gropius Bau

바우하우스의 창시자인 발터 그로피우스의 할아버지의 형제인 건축가 마르틴 그로피우스가 설립한 전시장이다. 폴란드 건축가 하이노 슈미덴이 신르네상스 양식으로 설계한 대단히 아름다운 건물로서, 1881년에 베를린 응용미술 박물관으로 개관했다. 그러나 2차 대전에서 손상을 입고 건물은 내버려졌다. 그러다가 1981년에 재개관하면서 기획 전시를 여는 공간이 되었다. 여기서 열리는 기획전들은 대부분 뛰어나니 전시가 있다면 놓치지 말기 바란다. 또한 건물 자체도 전시 이상으로 중요하다. 이렇게 완벽하게 조화로운 실내가 있구나 하고 감탄할 것이다. 종종 독일에서 가장 아름다운 실내를 가진 건물이라는 말을 듣기도 한다.

유대인 박물관 Jüdisches Museum Berlin

지인에게서 전화가 왔다. 베를린이라고 하니 "유대인 박물관 가보았느냐?"고 묻는다. 가보지 않았다고 말하니 "아니, 베를린에 몇 번을 가면서 왜 거길 가보지 않았느냐?"고 힐책한다. 아니, 베를린처럼 가봐야 할 곳이 많은 도시에서 꼭 거길 가야 하나? 유대인 박물관이라니 뻔하지 않겠는가? 그러자 그는 "이번엔 꼭 가보라"고 신신당부한다. 그가 나보고 필히 가야 한다고 말한 '유일한' 장소였다. 다음 날 아침 시내를 관통하다시피 걸어서 찾아갔다. 유대인 박물관을 이루고 있는 두 건물은 서로 어울리지 않는다. 하나는 화려했던 바로크 양식의 오래된 건물이고, 하나는 비극적인 역사 이후에 세워진 해체주의 건물이다. 그러나 이 둘은 서로 기대고 있다. 낡은 건물은 1735년에 건립

유대인 박물관

된 콜레기엔하우스Kollegienhaus다.

그 옆에 있는 새 건물은 외벽이 티타늄으로 이루어져서 아침 햇살을 눈부시게 반사시킨다. 폴란드 출신 유대인으로 미국에서 활동하는 건축가 다니엘 리베스킨트의 대표적인 작품이다. 관념적인 건물을 짓는 그이지만, 나는 그의 건물들을 좋아하지 않는다. 이런 방식은 이제 너무 흔하며(서울이나 부산에서도 비슷한 건물을 쉽게 볼 수 있다), 사람이 잘 살기 위한 건물이라기보다는 건축가를 보여주기 위한 것이라는 인상이 짙기 때문이다. 하지만 이곳만은 다르다. 유대인 박물관만큼은 그가 남긴 진짜 걸작이다. 그도 알고 있었는지, 그는 이 건물을 짓고 나서 베를린을 제2의 고향으로 삼았다.

안으로 들어가면 상상 이상의 것을 두 가지 발견하게 된다. 하나는 바로 전시의 목적인 유대인의 과거사인데, 정말 가슴을 때린다. 다른 하나는 리베스킨트의 건축관이다. 이곳은 리베스킨트 건축 철학의 전시장이기도 하다. 지하에 가면 통로의 벽에 적힌 건축가의 말이 눈길을 끈다.

가장 중요한 것은 그것으로부터 얻는 당신의 경험이다.

리베스킨트가 만든 이 건물의 모든 부분은 유대인의 비극을 보여주는 데 집중되어 있다. 전시물로서가 아니라 공간 자체로서 말이다. 건물 내부는 크게 세 개의 축으로 이루어져 있다.

먼저 들어간 곳은 '홀로코스트의 축Axis of Holocaust'이다. 무거운 문을 밀고 들어가면 아무것도 없다. 천장이 아주 높은 방일 뿐이다. 비스듬하게 선 공간의 벽면에는 인위적인 재질만이 가득하고, 칼에 벤 상처처럼 벽면 중간에 난 작은 틈들을 통해 약간의 빛만 들어온다. 그런데 이 공간에 서면 어떤 거부할 수 없는 힘, 공간의 힘이 나를 부른다. '텅 빔….' 이 방의 텅 빔은 사라진 생명들이 다시는 돌아오지 않음을 뜻하며, 사랑하는 이들의 부재不在를 상징한다. 리베스킨트는 이 방을 "보이디드 보이드voided void" 즉 "비워낸 비움"이라고 불렀다. 나중에는 여기에 쇠로 만든 각기 다른 얼굴 모양의 조각 1만 개를 깔았다. 「샬레헤트Shalekhet」, 즉 '낙엽'이라는 이름을 가진 이 작품은 메나쉬 카디쉬먼의 작품이다.

이어지는 공간은 건물의 척추와 같은 구실을 하는 긴 복도인 '연속의 축Axis of Continuity'이다. 장구한 유대인의 역사, 즉 무수한 참화 속에서도 끊이지 않았던 길고 강인한 혈통을 웅변하는 공간이다. 이 축의 복도 양편에 있는 작은 유리벽 속에는 죽은 유대인들의 유품들이 전시되어 있다. 아우슈비츠로 향하던 엄마가 아이에게 남긴 편지, 아직도 잊지 못하는 연인에게 쓴 할아버지의 편지, 그리고 가스실로 들어가기 직전에 부모가 아이에게 쓴 편지. 단순하고 건조한 문장은 시간이 얼마 남지 않았음을 보여준다.

우리는 잘 있다. 걱정하지 마라.
신은 어디에나 계신다. 건강하고 행복해라.
-사랑하는 엄마와 아빠가

그들이 수용소로 들어가면서 남긴 여권, 바이올린, 일기장, 가스실로 들어가기 전에 벗게 되는 구두, 속옷, 양말, 모자, 모자, 모자들. 중절

유대인 박물관 내부

모와 부인모가 산을 이루고 있는 사진…. 그것들을 보면서 우리는 점점 계단을 오르게 된다. 그곳에는 다섯 개의 텅 빈 방이 있다. 이 방들은 잃어버린 유대의 문화를 상징한다.

다음은 '망명의 축Axis of Exile'이다. 울퉁불퉁한 길인 망명의 축에는 불규칙한 계단도 있다. 유대인들의 순탄치 않았던 망명의 행로를 말하는 것이리라. 그리고 그 끝에 문이 있다. 문을 열고 나가면 작은 마당이 나타난다. '추방과 이민의 정원'이라고 부른다. 이 작은 정원에는 같은 크기의 커다란 사각 콘크리트 기둥들이 땅에 박혀 있다. 높이가 6미터에 달하는 위압적인 기둥들은 가로와 세로로 일곱 개씩 모두 49개다. 독일을 탈출하여 세계를 돌면서 끊임없이 유랑 생활을 했던 유대인들의 모습이다. 각 축이 일곱 개인 것은 제7일에 가서야 안식을 할 수 있는 유대인의 운명을 가리킨다. 나치의 학살을 피해 수백만 명의 유대인이

유럽을 탈출했다. 미국, 영국, 팔레스타인, 남미는 물론, 아프리카와 상하이까지 가기도 했다.

추방과 이민의 정원으로 나오면 밖이 보인다. 담벼락으로 올라가니 건물의 외형이 눈에 들어온다. 밖에서 보면 건물은 높은 긴 사각형 상자를 지그재그로 이은 듯한 형태다. 마치 번개가 치는 모양 같기도 하고, 별 같기도 하다고 그들은 설명한다. 하지만 나에게는 금속으로 만든 괴물처럼 보인다. 이곳의 감동은 인위적인 형태로 강요되는 공포를 통한 것이 아닌가 생각된다. 건물의 외형은 두 개의 선線으로 이루어져 있는데, 하나는 '관계의 선Line of Connection'이고 다른 하나는 '비어있음의 선Line of Voids'이다. 전자는 유대인들이 다른 종족들과 끊임없이 소통하고 마찰했던 역사를 나타나며, 후자는 다른 종족들에 의해서 사라져버린 생명과 남겨진 자들의 황폐한 영혼을 뜻하는 것 같다.

나는 이곳에서 유대인에 대한 많은 것들을 새로 알게 되었다. 영화나 책에서 무수히 보아온 그들의 비극이지만, 어쩌면 나는 그 비극을 그저 '사실'로만 받아들였을 뿐, 진정으로 깊은 '감정'을 가져본 적이 없었던 것 같다. 실은 얼마나 울었는지 모른다. 이 복도 저 복도를 다니면서 창피해서 눈물을 감추려고 애썼다. 하지만 이내 그럴 필요가 없다는 걸 알게 되었다. 방문객들이 다들 훌쩍거리면서 다니고 있었던 것이다. 눈물로 샤워를 한 것 같았다.

밖으로 나오자 티타늄 벽에 반사되는 햇살이 겨우 눈물이 마른 눈을 때린다. 왜 이곳에 꼭 가봐야 한다고 그가 말했는지 알게 되었다. 유대인이 얼마나 많이 죽었고 독일인이 나쁜 짓을 얼마나 많이 했는지를 알

유대인 박물관 외부

기 위해서 여기 오는 게 아니다. 이곳은 나 자신을 치유해주는 곳이었다. 한낱 먼지 같은 목숨을 붙잡고 살아가는 우리. 그 인생을 어떻게 살아야 할지 이곳만큼 강렬하게 말해주는 곳도 흔치 않았다. 그런 점에서 이 건물은 건축사에 남을 명작이다.

베를리니셰 갈레리 Berlinische Galerie

유대인 박물관 뒤편의 알테 야콥 슈트라세Alte Jakobstraße에 문을 연 현대미술관이다. '베를린 미술관'이라는 뜻이다. 하지만 이 미술관의 역사는 건물보다 오래되었다. 그동안 마르틴 그로피우스 바우 등지에서 더부살이를 하다가 2015년에 지금 자리에 정착한 것이다. 유리 공장의 창고로 쓰던 것을 개조한 미술관으로, 층고가 11미터에 달할 정도로 높아서 현대에 제작한 초대형 캔버스나 설치작품이 얼마든지 들어갈 수 있다. 이 미술관은 20세기 미술, 특히 독일에서 만들어진 작품을 전시하는 것을 원칙으로 한다. 베를린 분리파인 막스 리버만, 루이 코린트 등을 비롯하여 게오르크 그로스, 한나 회흐, 게오르크 바셀리츠, 에드워드 키엔홀츠, 볼프 포스텔, 펠릭스 누스바움 등의 작품을 감상할 수 있다. 전시장 외에도 강의실, 도서관 그리고 시민과 어린이들을 위한 미술 아카데미 등도 있다.

모둘러 Modulor

모리츠 광장에 있는 보물 같은 미술용품 가게다. 유대인 박물관에서 간다면, 프란츠 퀸스틀러 슈트라세Franz-Künstler-Straße를 따라 지름길로 갈 수 있다. 대형 화구백화점이라 미술을 전공하는 사람이라면 원했던 것을 발견할 것이다. 대부분 전문가용이지만, 그냥 구경만 하기에도 좋다.

베르크하우스Werkhaus

서재나 책상에 놓을 수 있는 장식품을 주로 파는 작은 가게다. 책꽂이, 문구류, 서가 장식물 등을 좋아하는 사람에게는 소중한 곳이다. 어른을 위한 장난감 가게라고 부르고 싶다.

저스트 뮤직JustMusic

모리츠 광장의 5층짜리 건물 하나를 모두 악기로 채운 악기백화점이다. 악기에 관심이 있는 분은 필히 들러볼 만하다. 굳이 사지 않고 박물관처럼 구경만 하더라도 방문할 가치가 충분하다. 이렇게 많은 종류의 악기와 다양한 브랜드가 모인 것을 보고 있으면 베를린의 문화적 다양성에 감탄하게 된다. 직원들은 전문적인 지식을 가지고 친절하게 설명해준다.

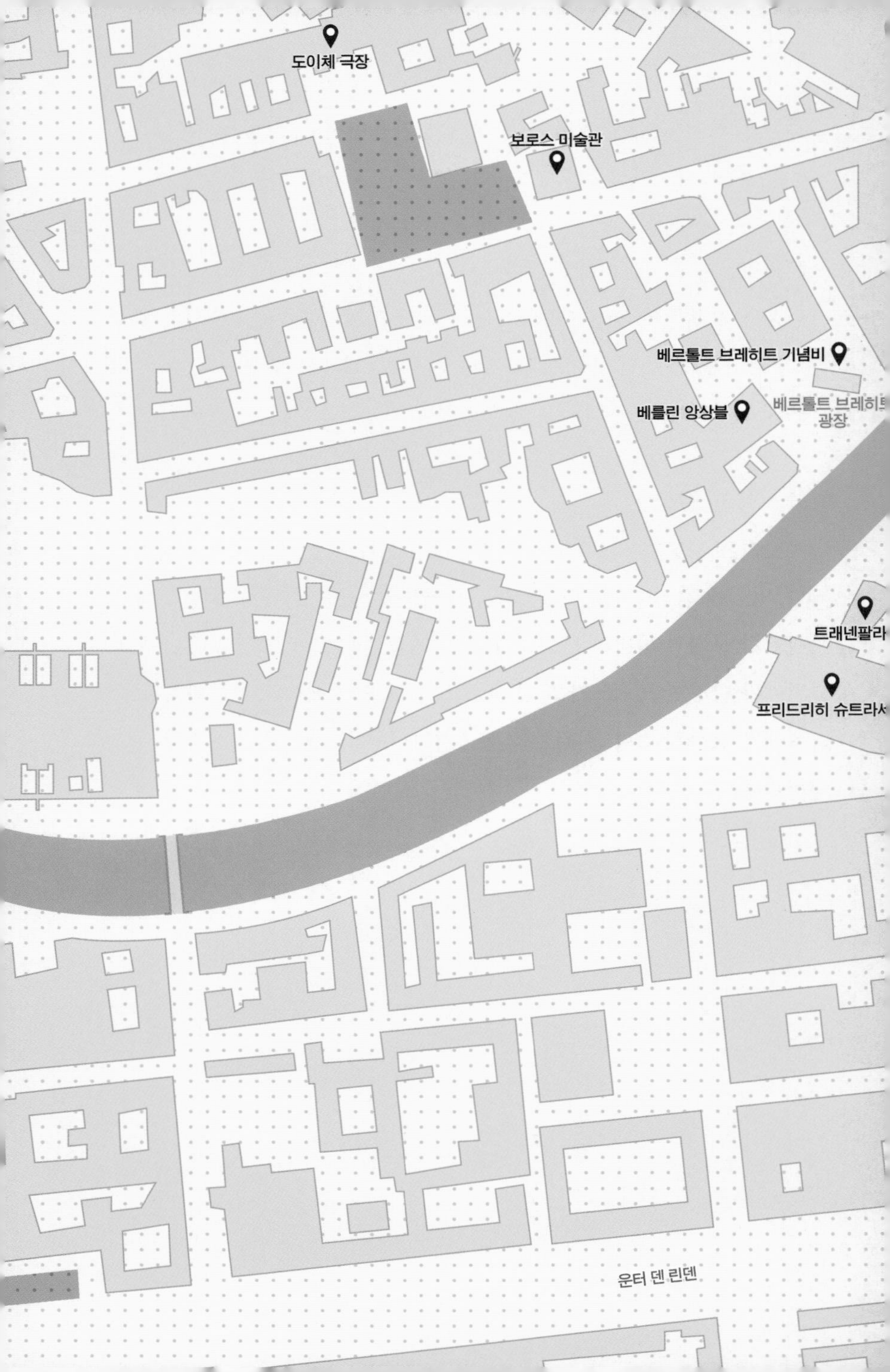

도이체 극장
보로스 미술관
베르톨트 브레히트 기념비
베를린 앙상블
베르톨트 브레히트
광장
트레넨팔라
프리드리히 슈트라서
운터 덴 린덴

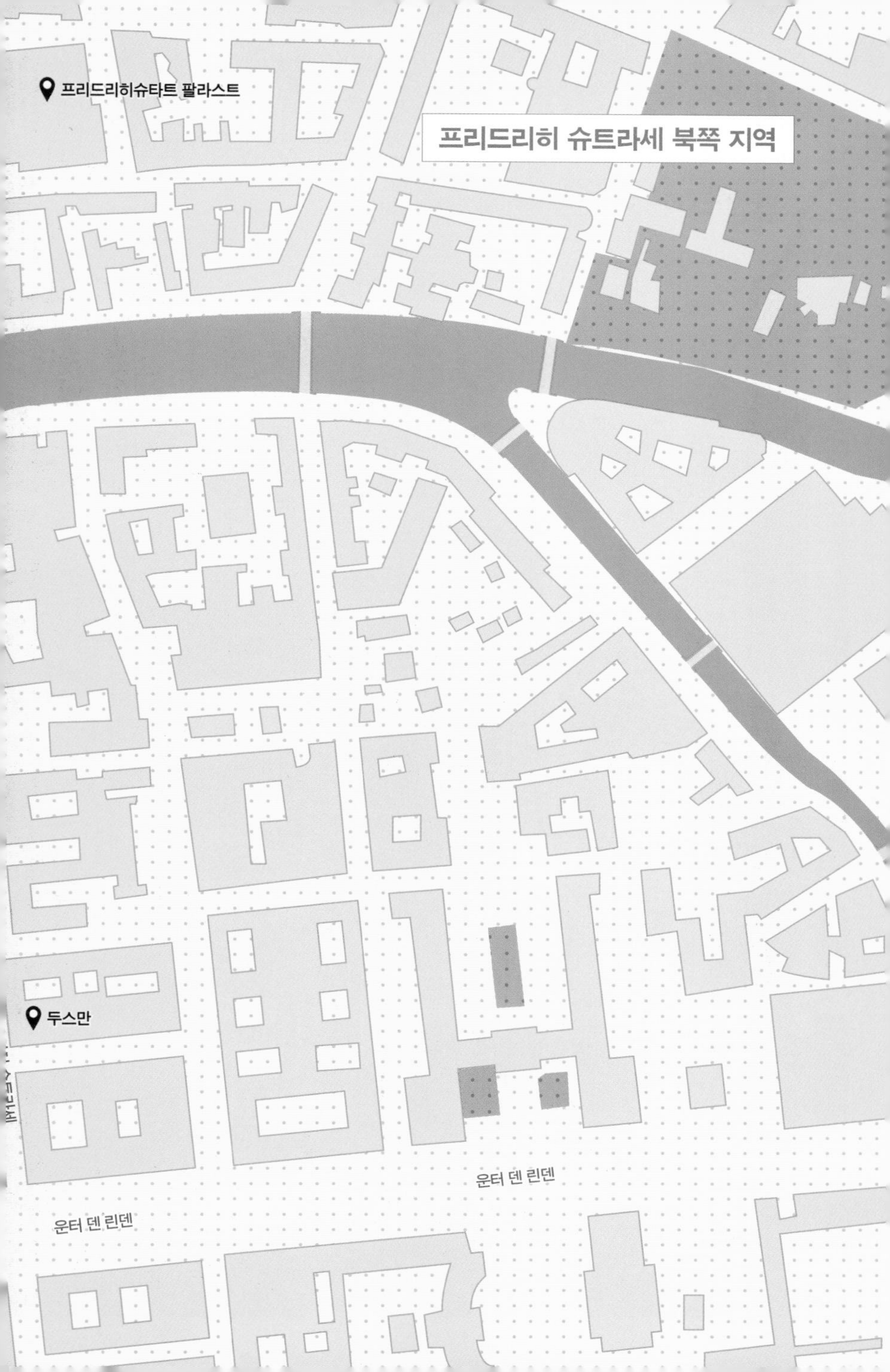

프리드리히슈타트 팔라스트
프리드리히 슈트라세 북쪽 지역
두스만
운터 덴 린덴
운터 덴 린덴

프리드리히 슈트라세 북쪽 지역

두스만 Dussmann das KulturKaufhaus

베를린에 오면 가볼 곳이 많지만, 그 와중에 내가 빠뜨리지 않는 곳이 여기다. 프리드리히 슈트라세에 위치한 큰 건물 전체를 도서 및 음반 가게로 사용하고 있다. 요즘 세태에 믿기 어려운 곳이다. 1층 입구에서부터 탑처럼 쌓아놓은 베스트셀러들이 서점의 규모를 말해주는데, 들어가면 더 놀라운 모습을 볼 수 있다. 마치 백화점처럼 많은 사람들이 책을 고르는 광경이다. '두스만 문화백화점'이 정식 명칭으로, 1997년에 베를린 최고의 쇼핑가에 있는 8층 건물을 임대하여 음반과 책만을 취급하는 대형 소매점으로 문을 열었다.

처음부터 이곳의 엄청난 문화 상품들은 베를린 시민들을 자극하여 큰 성공을 거두었다. 7,000평방미터(2,000평이 넘는다)에 달하는 매장은 책, 악보, 지도, CD, DVD 및 문구류를 취급하며, 총 일곱 개의 소매 부서로 나뉘어 있다. 그중에서도 지하층의 음반 매장이 대단한데, 특히 고전음악 부분에서는 유럽 최대의 매장으로 꼽힌다. 신간 서적이 출간되면 독서회나 사인회가 열리고, 새 음반이 출시되면 지하의 작은 무대에서 쇼케이스나 음악회가 열리기도 한다.

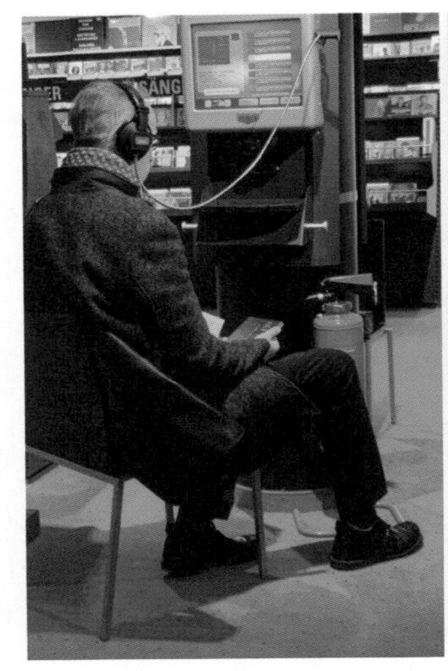

두스만 내부

프리드리히 슈트라세역Bahnhof Friedrichstraße 및 트래넨팔라스트Tränenpalast

프리드리히 슈트라세를 따라 북쪽으로 올라가면 길 위로 드리워진 철교가 보이는데, 여기가 프리드리히 슈트라세역이다. 어찌 보면 한낱 전철역일 뿐이지만, 이 역은 베를린이 분단되었을 때에 딱 분단 지점에 위치해서 크게 유명해졌다. 베를린을 통과하는 장거리 열차와 시내 전철이 함께 통과한 이 역은 환승 교통의 요지였다. 나중에 동독과 서독 사이의 교통이 통제되었을 때는 동서 베를린뿐만 아니라 동서독을 오갈 수 있는 유일한 역이었다. 많은 소설과 영화에 등장하면서 독일 분단의 상징이 되었다.

1882년에 만들어진 역은 붉은 벽돌로 지어졌다. 여기에 철도의 검정

프리드리히 슈트라세역

철골이 합쳐져서 특유의 건축미를 보여주며, 내부는 표현주의풍으로 장식되었다. 1938년 11월 9일 밤에 벌어진 '수정의 밤Kristallnacht' 사태 이후에 수천 명의 유대인들이 독일을 떠나기 시작했는데, 그때 대부분 이 역을 통해 떠나갔다. 이후 베를린이 분단되고 나서는 동베를린 사람들이 서베를린으로 떠날 때 가족 친지와 작별하는 눈물의 장소가 되었다. 많은 관광객들이 베를린 분단을 상징하는 장소로 별로 볼 것이 없는 찰리 검문소를 찾는데, 실제로 가족과 연인이 눈물로 헤어진 일명 '눈물의 궁전Tränenpalast'은 바로 이곳이었다. 여기서 벌어진 서류 심사에서 서베를린으로 갈 수 있는 사람과 갈 수 없는 사람이 판별되었기 때문에 생이별이 일어나 눈물바다가 되었던 것이다. 실제로 동독을 떠나 서독으로 간 사람들이 가장 많이 이용한 곳이 여기였다.

『나누어진 하늘』

『Der geteilte Himmel』

소설

독일인들이 흔히 '잃어버린 40년'이라고 부르는 동서독의 분단 시절에 동독의 문학은 어땠을까? 반공국가인 우리에게는 철저하게 차단되어 있었던 동독 문학은 독일 통일 이후에 서방에서 크게 각광받았다. 일부 동독 작가들은 통일 이후에도 계속해서 왕성한 활동을 이어가기도 한다. 그들의 작품들을 통해 우리는 당시의 특수한 상황에 처한 동독 체제의 허실을 바라볼 수 있다.

동독의 대표적인 소설가였던 크리스타 볼프Christa Wolf(1929~2011)가 1963년에 발표한 소설 『나누어진 하늘』은 분단된 동독의 현실을 가장 세심하고 아름답게 그려낸 작품으로, 서독에서도 큰 성공을 거두었다.

동독의 19세 소녀 리타는 자신의 꿈을 찾아서 사범대학에 들어가기 전에 의무적으로 자동차 공장에서 노동자로서의 경험을 쌓는다. 그런데 리타의 애인인 화학자 만프레트가 어느 날 서베를린으로 가서 돌아오지 않는다. 결국 리타는 만프레트를 찾아서 열차를 타고 서베를린까지 간다. 하지만 화려한 쿠담 거리 뒤편에 있는 작은 숙소에서 살고 있던 만프레트는 이미 동독 시절의 그가 아니었다. 어떤 확신도 발견하지 못한 채로 리타는 혼자 집으로 돌아오고 만다. 쓸쓸한 걸작이다.

여기에는 동서 베를린을 건너기 위한 월경越境 시설이 있었으니, 판문점이 있는 우리나라 사람들에게는 더욱 인상적이다. 오가는 사람들을 감시하기 위한 동독 당국의 카메라와 거울이 빈틈없이 설치되어 있었으며, 승객들은 마치 실험실의 쥐처럼 방향과 공간이 계속 바뀌는 미로와 같은 통로를 거쳐야만 했다. 세 가지나 되었던 여권과 비자의 발급소, 이민 수표 발급소, 환전소, 세관, 대기실, 경찰과 정보기관과 군부대의 수사실, 기록실, 사무실 등의 흔적이 아직 남아있으며, 역의 내부 곳곳에도 여러 사진과 기록 등이 전시돼 있다.

역에서 지금 없어진 것들은 그 옆에 만들어진 박물관인 트래넨팔라스트 즉 눈물의 궁전에서 볼 수 있다. 장벽이 무너진 이후로는 이 역을 통한 교통량도 급격히 증가했다. 절단되었던 트랙이 연결되면서 29년 만에 동베를린의 베를린 알렉산더 광장역에서 서베를린의 동물원역까

트래넨팔라스트

지 S반이 달리게 되었다. 이 구간은 지금도 베를린에서 가장 중요한 교통 구간으로 꼽히니, 일부러 한번쯤 타 본다면 베를린을 더욱 실감나게 느낄 것이다.

베를린 앙상블 Berliner Ensemble

프리드리히 슈트라세역을 지나 바로 나타나는 슈프레강을 다리로 건너면 베를린 앙상블이라고 적힌 간판을 단 건물이 보인다. 이곳은 현대 연극의 세계를 연 극작가 베르톨트 브레히트가 2차 대전이 끝난 후에 동베를린을 거주지로 결정하고 조국으로 돌아와서 설립한 연극 회사다. 여기는 현대 연극이 시작되고 발전해나간 시원始原과 같은 곳이며, 연극인에게는 성지와 같은 곳이기도 하다.

베를린 앙상블

브레히트는 그의 아내 헬레네 바이겔과 함께 여기에 베를린 앙상블을 설립했다. 처음에는 부근에 있는 도이체 극장에서 공연하다가 연극 『서푼짜리 오페라』를 초연하기 위해 1954년에 이곳으로 자리를 옮겼다. 건물은 1892년에 지어진 극장인데, 이곳에서 브레히트는 베를린 앙상블을 이끌면서 현대 연극을 주도하고 세계 연극계에 지대한 족적을 남겼다. 그러나 브레히트는 얼마 가지 않아 1956년에 세상을 떠났다. 그 후로 미망인인 바이겔이 베를린 앙상블을 이끌었다.

또한 이 극장은 연극에 현대음악을 접목시킨 것으로도 유명하다. 현대음악의 기라성 같은 작곡가인 쿠르트 바일, 한스 아이슬러 및 파울 데사우 등이 이 극장에서 함께 작업한 음악가들이다. 지금도 세계적인 거장들이 이곳에서 실험적인 연출을 감행하면서 브레히트의 정신을 잇고 있다.

연극에 관심이 있으면 이 극장을 찾아보자. 열리지 않을 것 같은 문을 밀고 들어가면, 시간을 거슬러 올라간 듯한 고색창연한 로비가 TV와 스마트폰에 빼앗긴 관객을 기다리고 있다. 하지만 여전히 이곳은 역사적인 연극을 올리고 있으며, 오늘 저녁에도 공연은 열릴 것이다. 찾는 이가 아무리 없어도 베를린의 연극은 계속되고 있다.

베르톨트 브레히트 광장 Bertolt Brecht Platz 및 기념비 Bertolt Brecht Denkmal

베를린 앙상블 앞에 있는 작은 광장이 베르톨트 브레히트 광장이다. 동독을 새로운 조국으로 선택한 베르톨트 브레히트가 아까운 나이로 사망하자 동베를린 시의회는 그가 활동하던 건물 앞 광장에 그의 이름을 붙였다. 광장 가운데에는 브레히트가 벤치에 앉은 모습을 담은 동상이 있다. 이 기념비는 조각가 프리츠 크레머의 작품으로서, 1988년에 브레히트의 탄생 90주년을 기념하여 설치되었다.

베르톨트 브레히트 기념비

베르톨트 브레히트

Bertolt Brecht, 1898~1956

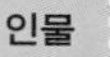

인물

베를린에 오면 지나칠 수 없는 인물이 베르톨트 브레히트다. 그는 아우크스부르크 출신으로서 그의 생가와 생애는 이 여행 시리즈의 『뮌헨』 편에서 소개한 바 있다. 하지만 그가 만년을 보낸 곳은 베를린이다. 그는 베를린에서 활약하다가 베를린에 묻혔다. 중산층의 지적인 부모 밑에서 성장한 브레히트는 뮌헨 대학에서 의학을 전공했지만, 학창 시절 내내 연극에 심취했다. 결국 그는 의사의 길을 접고 연극을 자신의 열정을 불태울 분야로 선택했다.

1924년에 베를린으로 온 그는 유럽 연극계의 가장 전위적인 지점에서 활약했다. 그러나 나치가 집권하자 그는 망명길에 올랐다. 그는 미국처럼 자기의 독일어 작품을 읽어 줄 독자도 없고 공연해 줄 극장도 없는 곳에서 계속 자신을 채찍질하면서 집필을 멈추지 않았다. 이 시절에 그는 '낯설게 하기' 같은 새로운 연극적 접근법을 개발하여 이른바 '서사극' 구조를 완성했다.

2차 대전이 끝나자 브레히트는 동베를린을 앞으로의 활동 지역으로 선택하여 귀국했다. 여기서 그는 베를린 앙상블을 창단하고 미국 망명 시절에 썼던 작품들을 꺼내어 하나씩 무대에 올렸다. 이를 통해 그는 베를린을 세계 연극계의 메카로 만들고, 독일 연극을 세계 연극계의 중심으로 이끌었다.

『억척어멈과 그 자식들』

『Mutter Courage und ihre Kinder』

희곡

『억척어멈과 그 자식들』은 베르톨트 브레히트의 최고 걸작 중 하나로 일컬어지는 희곡이다. 조국을 떠나서 망명자의 삶을 살았던 브레히트는 스웨덴에 망명 중이던 1939년에 이 작품을 집필했다. 이 작품의 부제가 '30년 종교전쟁의 한 연대기'라고 되어 있기 때문에 17세기에 있었던 30년 전쟁을 다루고 있을 것이라고 생각하기 쉽지만, 실상은 그렇지 않다. 물론 배경은 30년 전쟁이지만, 여기에는 그 전쟁에 관련된 역사적인 인물들은 등장하지 않는다. 가장 밑바닥에 있는 계층만이 등장하여 전쟁을 배경으로 살아가는 민초들의 상황을 그야말로 지극히 사실적으로 그려낸다. 또한 이 작품은 구성상 브레히트 서사극의 정수를 보여주는 획기적인 작품이다. 그리스 비극에서부터 내려오는 전통적인 희곡의 형식을 따르지 않고, 12장 전체가 나열식으로 구성돼 있다.

억척어멈은 자식을 모두 잃고 거지가 되어도 아무것도 깨닫지 못하는 인물이다. 이는 계몽주의적인 성향을 당연시했던 당시의 관객들로부터 비난을 받았다. 하지만 브레히트는 관객이 그녀를 객관적으로 관찰함으로써 무엇인가를 배울 수 있다고 주장했다.

이 작품은 연극으로서의 성공은 물론, 1964년 출간된 이후에 300만 부 이상이 팔리면서 20세기의 고전으로 평가받고 있다.

도이체 극장 Deutsches Theater

대중을 상대로 한 가벼운 공연을 위해 지어진 곳으로, 프리드리히 빌헬름 시립 극장Friedrich Wilhelm Städtisches Theatre이라는 이름으로 1850년에 개관했다. 1906년에 배우이자 연출가인 막스 라인하르트가 극장을 인수했는데, 연출과 경영을 도맡았던 그가 모더니즘 연극을 도입하면서부터 독일 연극의 중심지가 되었다. 지금 독일을 대표하는 많은 배우들과 연출가 그리고 무대미술가들이 이 극장 출신들이다. 전후에 극장은 동베를린으로 넘어갔으며, 1949년부터 베르톨트 브레히트가 이끄는 베를린 앙상블이 베르톨트의 연극을 올리면서 더욱 유명해졌다. 브레히트의 『억척어멈과 그 자식들』이 대표적인 성공작이다. 세 개의 공연장이 있으며, 여전히 독일 연극의 중심으로 자리 잡고 있다.

프리드리히슈타트 팔라스트 Friedrichstadt Palast

베를린 앙상블 뒤편으로 가면 화려한 프리드리히슈타트 팔라스트가 나타난다. 1867년에 개관했으나 이후 안전상의 문제로 철거되었다. 그러다 1984년에 대중적 공연을 올리는 대형 극장으로 재탄생했다. 노래, 춤, 코미디 등의 여흥극을 올리는 극장으로, 베를린만의 독특한 공연 스타일을 유지한다. 16명의 악단원과 60여 명의 무용단을 갖추고 있다. 지하에 별도로 개설된 크바춰 코미디 클럽Quatsch Comedy Club에서는 베를린 스타일의 스탠딩 코미디를 공연한다.

보로스 미술관 Sammlung Boros

프리드리히슈타트 팔라스트 건너편 안쪽에 있는 보로스 미술관은

보로스 미술관

본래 나치가 지은 공습 대피용 지상 벙커였다. 공습 때에 기차 승객들을 대피시키기 위해서 1943년에 완성된 것으로, 벽의 두께가 3미터나 되는 거대한 건물이다.

독일 기업가이자 미술품 수집가인 크리스티안 보로스가 이 건물을 구입하여 2008년에 보로스 미술관을 개관했다. 우리 시대의 가장 전위적인 현대미술가들의 작품을 전시하는 이곳은 베를린에서 가장 인기 있는 현대미술관 중 하나가 되었다. 전시작들은 정기적으로 교체된다. 필히 예약을 해야 하며, 그룹으로만 가이드를 따라서 입장할 수 있다. 예약이 보통 몇 달씩이나 밀려 있다.

포츠담 광장 및 쿨투르포룸 부근

필하모니
국립 회화관
쿨투르포룸
동판화 박물관
베를린 미술 도서관
성 마테우스 교회
독일 저항 기념관
신 국립 미술관
포츠다머 슈트라세
포츠다머 슈트라세

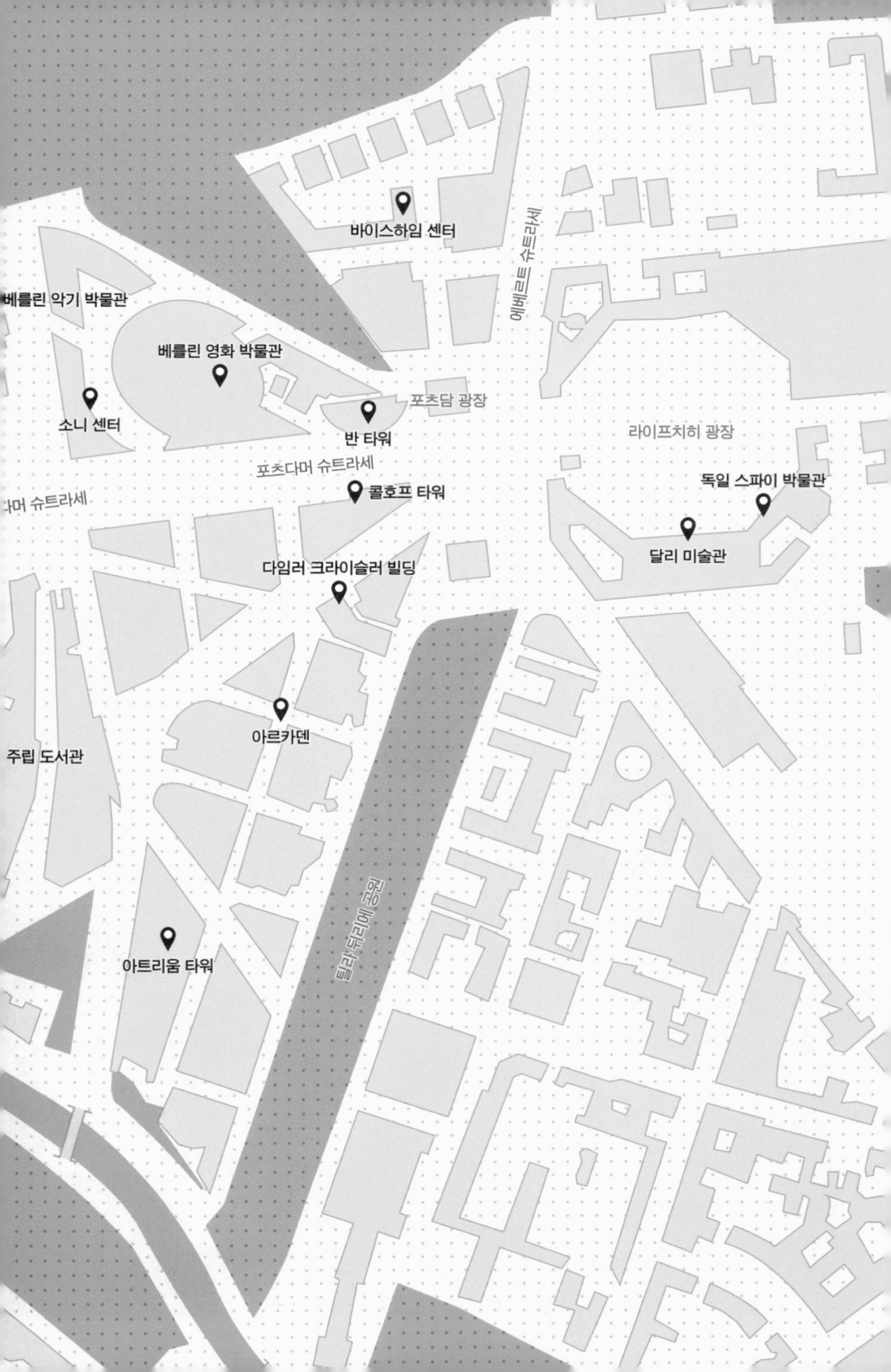
바이스하임 센터
에베르트 슈트라세
베를린 악기 박물관
베를린 영화 박물관
소니 센터
반 타워
포츠담 광장
라이프치히 광장
포츠다머 슈트라세
콜호프 타워
독일 스파이 박물관
다머 슈트라세
달리 미술관
다임러 크라이슬러 빌딩
아르카덴
주립 도서관
틸라 두리에 공원
아트리움 타워

포츠담 광장 부근

포츠담 광장Potsdamer Platz

베를린의 중심지 중 하나로 꼽히는 곳이다. 베를린 남서쪽에 있는 포츠담으로 가는 길이 여기서 출발했기에 붙여진 이름이다. 과거에는 크게 번성했던 활기찬 곳이었지만 2차 대전 때에 파괴되었으며, 전후에는 장벽이 이곳을 통과하는 바람에 황폐해졌다. 영화「베를린 천사의 시」에는 당시에 폐허가 된 포츠담 광장이 나오며, 극중의 늙은 시인은 과거의 영화榮華를 하염없이 그리워한다. 그는 이곳을 바라보며 "나는 포기하지 않는다. 포츠담 광장을 되찾을 때까지…"라고 읊조린다.

그 시인은 이제 없겠지만, 포츠담 광장은 그가 포기하지 않았던 영광을 결국 되찾았다. 새옹지마塞翁之馬라는 말이 독일에도 있는지 모르겠는데, 통일이 되자 이곳의 버려진 넓은 대지를 이용하여 완전히 새로운 도심이 건설되었고, 현재는 현대적인 빌딩의 밀집 지역이 되었다. 비어 있던 포츠담 광장 일대는 통일 이후에 활발한 투자가 이루어졌다. 동서 베를린의 중앙인 포츠담 광장이야말로 통일 수도 베를린이 세계무대에 자리 잡고 통합과 비상을 다시 꿈꿀 수 있는 적절한 장소였기 때문이다. 이탈리아의 세계적인 건축가 렌초 피아노가 재개발의 총지휘를 맡았으며, 리처드 로저스와 한스 콜호프가 그와 협력하며 많은 부분을 담당했다. 렌초 피아노가 설계한 건물만 열 채가 넘으며, 나머지는 다른 건축가들에게 의뢰했다. 결과적으로 이 지역은 겉모습뿐만 아니라 친환경적이고 에너지 효율적인 기능적 건물들이 늘어선 현대건축의 명소로 태어났다.

한편, 포츠담 광장에는 통일정Pavillon der Einheit이라는 한국식 정자가 있어 눈이 둥그레진다. 과거 분단의 장벽을 허물어버린 자리에 통일을 염원하는 우리의 심정을 담아 세운 것이다. 통일정은 창덕궁 낙선재의 상량정을 재현한 것으로, 2015년에 한국문화원에서 세웠다. 이제 이 광장의 주요 건물들을 간략히 소개하겠다.

소니 센터Sony Center

포츠담 광장에서 가장 눈에 띄는 건물로, 헬무트 얀이 설계했다. 일곱 채의 건물이 서 있으며, 그 사이에 광장이 형성되었다. 광장 위에 텐트를 친 모습은 후지산을 본떴다고 알려져 있다. 각 건물에는 소니 유럽 본부를 비롯하여 영화관, 영화 박물관, 레고랜드 등이 입주해 있다. 당시 소니 회장이 고전음악 마니아로서, 베를린 필하모니에 가장 가까운 부지를 먼저 골랐다고 한다. 센터 한쪽에는 부서진 건물 잔해가 유리 속에 보관되어 있는데, 이 자리에 있었던 호텔 에스플라나데Hotel Esplanade의 흔적이다. 1908년에 개관한 화려한 호텔이었지만, 공습으로 사라져버렸던 건물이다. 잔해 속에서 찾아낸 부분은 호텔 식당인 카페 조스티Cafe Josty의 벽면이다. 같은 이름을 딴 식당이 있지만, 이 호텔의 역사와는 무관하다.

반 타워Bahn Tower

눈에 띄는 높은 건물로서, 소니 센터의 일부지만 따로 언급되는 경우도 잦다. 국영 철도인 도이체반Deutsche Bahn의 본사다. 역시 헬무트 얀이 설계했다.

소니 센터

콜호프 타워Kollhoff Tower

높이 103미터의 건물로, 한스 콜호프가 설계했다. 포츠담 광장 1번지라고도 부른다. 초고속 승강기로 올라가는 25층의 꼭대기에는 360도를 조망하는 전망대인 파노라마푼크트Panoramapunkt가 있다.

렌초 피아노의 높은 빌딩들 혹은 아트리움 타워Atrium Tower

쐐기처럼 생긴 이 고층 건물은 렌초 피아노가 설계했다. 높이 106미터의 고층이지만, 날카로우면서도 우아함을 잃지 않는 건축가의 특징을 보여준다. 처음에는 데비스 타워(혹은 하우스)로 불렸지만, 2013년에 개장 작업을 하면서 현재의 이름으로 바뀌었다. 크기가 다른 네 채의 오피스 건물이 이어져 있는 모습이다. 고층 타워는 9·11 사건 이후로 일반에 개방되지 않는다.

다임러 크라이슬러 빌딩Daimler Chrysler Building

영국의 리처드 로저스는 벤츠 자동차의 소유주인 다임러 그룹의 건물 세 채를 설계했는데, 따로 이름이 없어서 다임러 크라이슬러 빌딩이라 표기했다. 에너지 효율이 좋은 친환경 건물로 유명하다.

파크 콜로넨Park Kollonnen

포츠담 광장의 남동쪽에는 긴 언덕으로 이루어진 녹지대인 틸라 뒤리에 공원Tilla Durieux Park이 있다. 파크 콜로넨은 그 앞에 늘어선 네 동의 건물이다. 이탈리아 건축가 조르지오 그라시가 설계한 낮은 주상 복합 건물군이다.

렌초 피아노의 낮은 빌딩들

광장 남쪽의 낮은 건물들은 렌초 피아노가 설계했다. 1층은 주로 식당과 카페, 위층은 사무실로 쓰인다. 그랜드 하얏트 호텔도 있는데, 단순한 디자인으로 호평받는 곳이다. 이 호텔의 각층에 한국의 조각가 이재효의 작품이

파크 콜로넨

설치되어 있다.

아르카덴 Arkaden

건설 도중에 쇼핑몰이 있어야 한다는 여론에 밀려 만든 쇼핑몰이다. 아르카덴은 아케이드라는 의미로, 지하에 슈퍼마켓도 있다. 이소자키 아라타의 일본풍 설계는 좋은 평가를 받았지만, 이 지역을 상업화했다는 비난을 받기도 했다.

바이스하임 센터 Beisheim Center

포츠담역 북쪽에 있는 흰 쌍둥이 건물과 그 배후의 건물군으로 이루어진 단지다. 메트로 그룹 설립자인 오토 바이스하임이 투자한 곳으로, 데이비드 치퍼필드와 한스 콜호프가 설계했다. 안에 리츠 칼튼 호텔과 메리어트 호텔이 있다.

바이스하임 센터

포츠담 광장

베를린에서 만나는 현대건축가들

인물

발터 그로피우스 Walter Gropius(1883~1969)

현대건축에 가장 많은 영향을 끼친 인물로 꼽힌다. 지붕을 편평하게 하고 벽에 유리를 많이 사용하는 등의 모더니즘 건축은 그로부터 파생된 것이다. 또한 그는 바우하우스를 세워서 칸딘스키, 클레, 반 데어 로에 같은 인재를 영입하고 모더니즘 사상을 펼쳤다.

루드비히 미스 반 데어 로에 Ludwig Mies van der Rohe(1886~1969)

독일의 건축가로서 르 코르뷔지에, 그로피우스와 함께 현대건축을 연 선구적 인물이다. 아돌프 로스의 "장식은 범죄다"라는 신념을 계승해서 건축에서 장식적 요소를 배제했다. 미국으로 망명하면서 미국 건축에 많은 영향을 끼쳤으며, 바르셀로나 의자를 비롯한 가구도 디자인했다.

한스 샤로운 Bernhard Hans Henry Scharoun(1893~1972)

독일의 건축 교수였던 그는 전후 베를린 복구 사업에 참여하면서 표현주의 기법을 이용했다. 베를린 필하모니를 설계할 때는 공연장의 개념을 혁신했으며, 고향 브레멘의 해양 박물관과 시청 등도 설계했다. 악기 박물관과 주립 도서관도 설계했지만 완공 전에 사망했다.

에곤 아이어만 Egon Eiermann(1904~1970)

독일 출신으로 20세기 후반의 저명한 건축가였다. 브뤼셀 만국 박람회의 서독관을 위시하여, 워싱턴의 서독 대사관, 본의 서독 의회 의사당, 슈투트가르트의 IBM 독일 지사 등을 설계했다. 그의 이름을 가장 널리 알린 작품은 베를린의 카이저 빌헬름 기념 교회의 신관일 것이다.

아이 엠 페이I. M. Pei(1917~2019)

아이 엠 페이로 알려진 이오 밍 페이Ieoh Ming Pei, 貝聿銘는 중국계 미국 건축가다. 그의 작업은 유리나 강철을 사용한 단순하고 추상적인 형태를 특징으로 한다. 잘 알려진 작품은 파리 루브르 미술관의 유리 피라미드다. 홍콩의 중국 은행과 인디애나 대학교 미술관 등이 대표작이다. 독일 역사 박물관은 그가 예술 세계로 돌아왔음을 뜻하는 이정표다.

프랭크 게리 Frank Owen Gehry(1929~)

캐나다 출생으로 독특한 외관 디자인으로 유명하다. 해체주의와 유머가 섞여 있다. 비트라 박물관의 기묘한 외관 이후로 이런 의뢰가 연이어 들어오면서 그의 세계가 형성되었다. 빌바오의 구겐하임 미술관을 비롯하여 로스앤젤레스의 월트 디즈니 콘서트홀 등이 유명하다. 베를린의 DZ 은행 내부 구조를 자신이 가장 만족하는 작품이라고 말했다.

피터 아이젠만 Peter Eisenman(1932~)

파격적 디자인의 해체주의자로 '파괴자'라고 불린다. 이러한 특징을 잘 나타낸 것이 베를린의 유대인 희생자 기념비로서, 설립 당시부터 현재까지도 화제가 되는 작품이다. 글렌데일에 있는 스테이트팜 스타디움, 산티아고 데 콤포스텔라의 갈리시아 문화도시 등이 대표작이다.

리처드 로저스 Richard Rogers(1933~)

이탈리아 출신의 영국 건축가로서, 노먼 포스터와 함께 세계 건축계에서 영국의 위치를 부상시킨 장본인이다. 렌초 피아노와 함께 퐁피두 센터를 만들고, 이후로 파이프를 노출시킨 건물을 계속 지어 '바울리스트'라고 불렸다. 급진주의적 디자인으로 많은 비난을 받기도 했지만 그가 몸담은 '로저스 스터크 하버 앤 파트너스'는 세계적인 규모의 설계사무소다.

노먼 포스터 Norman Foster(1935~)

영국의 대표 건축가로 리처드 로저스와 공동사무실을 열었다. '거킨 Gherkin'이라 불리는 런던의 '30 세인트 메리 엑스'가 가장 유명하다. 홍콩 HSBC 본사나 런던 스탠스테드 공항 등이 대표작이다. '포스터 앤드 파트너스'는 세계 최대의 설계사무소의 하나로, 유리와 강철을 주로 사용하는 이 사무실이 만든 사옥들은 세계 사무실 빌딩의 전형이 되었다.

마인하르트 폰 게르칸 Meinhard von Gerkan(1935~)

라트비아에서 태어난 독일계다. 베를린 테겔 공항, 슈투트가르트 공항의 확장 공사 등을 맡았으며, 베를린 중앙역으로 결정적인 명성을 얻었다. 이후로 공항이나 철도역의 설계에 전문성을 보인다. 함부르크 공항, 베를린의 브란덴부르크 신공항 등도 설계했다.

렌초 피아노 Renzo Piano(1937~)

이탈리아 출신으로 세계에서 가장 영향력 있는 현대건축가 중 한 명이다. 로저스와 함께 만든 파리 퐁피두 센터로 충격을 주었다. 뉴욕의 휘트니 미술관 등이 유명하다. 고향 제노바의 항구를 재개발하여 문화와 관광의 중심지로 만들었다. 베를린 포츠담 광장 프로젝트의 총책임을 맡아서 가장 많은 건물을 설계하기도 했다. 로마의 산타 체칠리아 음악당, 시카고 미술관, 하버드 미술관, 간사이 공항 등을 설계했다.

헬무트 얀 Helumut Jahn(1940~)

독일 출생의 미국 건축가다. 반 데어 로에의 영향을 받았지만 포스트

모더니즘적인 작품을 많이 만들었다. '머피-얀'이라는 건축 사무소 이름으로 중요한 건물을 많이 설계했다. 대표작이 베를린의 소니 센터이며, 그 외 뮌헨 공항, 쾰른-본 공항 등이 있다.

장 누벨 Jean Nouvel(1945~)

하나로 규정하기 힘든 다양한 형태의 건물을 창조해낸다. 상상력이 풍부한 프랑스의 스타 건축가이지만, 전통적인 기법을 벗어나지는 않는다. 대표작으로 파리의 아랍세계연구소를 꼽으며, 루체른 문화회의 센터 KKL, 코펜하겐 콘서트홀, 아부다비의 루브르 등이 대표작이다.

페터 춤토어 Peter Zumthor(1943~)

스위스의 미니멀리즘 건축가이다. 베를린의 공포의 지형학 박물관과 브레겐츠의 쿤스트하우스 등이 대표작이다.

다니엘 리베스킨트 Daniel Libeskind(1946~)

폴란드의 대표적인 해체주의 건축가다. 몽환적이고 교란된 형태의 색다른 외양을 추구한다. 베를린의 유대인 박물관으로 찬사와 비판을 동시에 받았다. 이후 그는 '기념관 건축가'가 되어서 기념관의 의뢰를 많이 받았다. 극단적인 설계가 많아서 많은 설계도가 책상 위에서 그친다고 한다.

데이비드 치퍼필드 David Chipperfield(1953~)

젊어서 포스터와 로저스의 사무실에서 근무했다. 화려하거나 파격적이진 않지만, 견실하고 맥락에 맞는 작업을 한다. 베를린 신 박물관 복원 사업을 성공리에 마친 이후로 세계의 박물관에서 의뢰가 많이 와서 '박물관 건축가'로도 불린다. 영국의 터너 미술관 등 많은 박물관의 복원과 신축을 담당했다.

「베를린 천사의 시」

「Der Himmel über Berlin」

영화

베를린을 이보다 더 절실하게 그려낼 수는 없다. 이 영화는 독일의 대표적인 작가주의 감독인 빔 벤더스의 대표작이다. 그는 독일의 명 극작가이자 소설가인 페터 한트케와 함께 이 영화의 시나리오를 집필했고, 세계 최고의 촬영감독으로 일컬어지는 앙리 알캉이 촬영을 맡았다. 브룬 간츠, 오토 잔더, 솔베이크 도마르트틴 등 독일의 명배우들이 출연했으며, 형사 콜롬보로 유명한 미국 배우 피터 포크가 영화 촬영을 위해 베를린에 온 동명의 미국 배우로 출연한다. 1987년에 발표된 이 영화는 영상과 문학이 결합한 최고의 사례라는 절찬을 얻었다.

다미엘과 카시엘은 오랫동안 인간을 관찰해온 천사로, 현재는 베를린 지역을 담당하고 있다. 전후의 서베를린에서 천사들은 참으로 비참한 인간의 모습을 본다. 영화는 밑바닥 계층의 말할 수 없는 절망과 슬픔을 바라보는 천사의 시선을 흑백 화면으로 절묘하게 그려냈다. 천사가 인간이 되면서부터는 화면이 컬러로 바뀐다.

영화에는 개발되기 전의 황량한 포츠담 광장을 비롯해서 카이저 빌헬름 교회, 주립 도서관 등 통일 전의 서베를린이 품었던 빛과 그림자를 사실적이면서도 아름답게 그려냈다. 결코 재미있다고 말할 수는 없지만, 이토록 감동적일 수도 없는 영화다.

베를린 영화 박물관Museum für Film und Fernsehen Berlin

1962년에 독일 영화를 보존하고 복원하는 재단인 독일 키네마테크Deutsche Kinemathek가 설립되었다. 이 재단이 2000년에 소니 센터로 옮기며 베를린 영화 박물관이 개관했다. 필름과 DVD, 사진, 포스터, 서적 등과 촬영에 사용된 의상과 소도구 등 영화에 관한 자료들이 전시되어 있다. 그중 인기가 높은 것은 배우 마를렌 디트리히의 수집품들이다. 2월의 베를린 영화제 기간에는 특정 감독의 회고전 같은 특별 전시가 열린다.

다임러 현대미술관Daimler Contemporary

벤츠 자동차 회사의 소유주인 다임러 그룹의 빌딩(정식 빌딩 이름이 없다) 안에 현대미술관인 다임러 컨템포러리가 있다. 1977년에 다임러 아트 콜렉션Daimler Art Collection이란 이름으로 세워진 이곳은 독일 작가를 중심으로 작품을 구입하고 작가를 지원한다. 지원 대상은 추상과 전위 분야에 집중되어 있는데, 회사의 정체성을 따라 자동차 관련 작품에도 투자한다. 600여 작가의 작품 1,800여 점을 구입하여 보유하고 있다. 입장료는 무료다.

하우스 후트Haus Huth

포츠담 광장에 남은 유일한 역사적 건물이다. 1912년에 포도주 업자 크리스티안 후트가 지은 이 건물은 2차 대전에서 살아남아 "포츠담 광장의 마지막 집"이라고 알려졌다. 포츠담 광장 재건 프로젝트 때 렌초 피아노 등이 옛 모습으로 복원했다. 그 후로 루터 운트 베그너Lutter &

Wegner라는 와인 가게 겸 술집으로 한동안 운영되다가 1999년에 다임러 현대미술관이 매입하여 전시 공간으로 확장했다.

베를린 국제 영화제 Internationale Filmfestspiele Berlin

베를린 하면 떠오르는 것 중 하나가 베를린 국제 영화제다. 영화제를 의식하지 않았던 사람도 2월에 베를린에 오면 거리에 나부끼는 깃발과 도처에 붙어 있는 포스터를 보고 영화제를 떠올리게 된다. 1978년에 시작된 베를린 영화제는 칸 영화제와 베네치아 영화제와 함께 흔히 3대 영화제로 손꼽히는 국제적인 종합 영화 행사다.

영화제의 주요 부문을 이루는 7개 분야는 흔히 경쟁 부문이라고 번역하는 공모전 분야와 비경쟁 초청작으로 이루어진 파노라마 분야를 비롯해 포럼, 청소년을 위한 동세대 영화, 독일 영화, 단편, 회고전으로 구성돼 있다. 공모전 분야에서 가장 뛰어난 영화에 황금곰상이 주어지며, 연기, 대본, 제작 등이 훌륭한 영화에 은곰상을 준다. 영화제 때는 유럽 영화 시장EFM도 펼쳐진다. 세계 영화산업 관계자들이 모여서 영화의 매매와 유통뿐 아니라 제작, 기획, 금융까지 의논하는 곳이다. 출품작들은 주로 포츠담 광장에 많은 멀티플렉스 영화관에서 상영된다.

라이프치히 광장 Leipziger Platz

포츠담 광장의 동쪽에는 거대한 상업용 빌딩들이 병풍처럼 둘러싸고 있는 팔각형의 독특한 광장이 있다. 이 라이프치히 광장 역시 포츠담 광장 개발 프로젝트의 일부다. 대규모 주상 복합단지에 270개의 가

거리에 있는 베를린 국제 영화제 홍보물

라이프치히 광장

게, 270가구의 아파트, 네 채의 호텔, 사무실, 카지노 및 영화관 등이 들어있다.

달리 미술관 Dalí - Die Ausstellung am Potsdamer Platz

스페인의 화가 살바도르 달리의 작품만을 전시하는 이 미술관은 2009년에 라이프치히 광장에 개관했다. 큐레이터이자 수집가인 카르스텐 콜마이어의 개인 컬렉션으로 설립되었는데, 작품수가 3,000점에 이르며 특히 조각이 400점이 넘는다. 판화, 그래픽, 조각, 영상 등 다양한 장르의 작품을 만날 수 있다는 게 장점이다.

독일 스파이 박물관 Deutsches Spionagemuseum

한 세대 전까지 베를린은 세계 첩보전의 무대였다. 많은 첩보 소설과 스파이 영화들이 베를린을 배경으로 한다. 그런 베를린의 첩보전 역사를 보여주려고 세운 박물관이다. 특히 냉전 시대 미국과 소련의 소리 없는 전쟁을 중심으로 첩보전과 스파이의 세계를 보여준다. 스파이들이 사용한 무기, 지도, 의상 등을 비롯하여 어른도 어린이도 흥미로워할 만한 볼거리가 많다. 영화 007시리즈의 소품들도 있다.

쿨투르포룸 부근

쿨투르포룸Kulturforum

베를린 분단은 비극적인 사건이었지만 문화적으로는 풍성한 기반을 쌓게 된 계기이기도 했다. 베를린이 분단되자 박물관의 보고인 '박물관 섬'이 동베를린으로 넘어가버렸다. 다섯 개의 대형 국립 박물관이 통째로 동독으로 간 것이다. 그래서 서베를린은 박물관 섬에 버금가는 문화 지역을 설립했다. 바로 쿨투르포룸(문화 광장)이다. 이후 통일이 되면서 베를린은 동부의 박물관 섬과 서부의 쿨투르포룸이라는 두 개의 박물관 단지를 가지게 되었다.

독일 전체를 통틀어 가장 훌륭한 미술관이라는 칭송을 듣는 국립 회화관을 비롯하여, 신 국립 미술관, 장식미술 박물관, 동판화 박물관을 묶어 이곳의 4대 미술관이라 한다. 또한 이곳에는 세계적인 공연장인 베를린 필하모니가 있고 악기 박물관도 있다. 길 건너편에는 주립 도서관이 자리하고 있으며, 미술 도서관도 있다. 특히 쿨투르포룸의 건물들은 모두가 세계적인 현대건축가들의 명작이어서 건축적으로도 빠뜨릴 수 없는 장소다.

주립 도서관과 쿨투르포룸

국립 회화관 Gemäldegalerie

쿨투르포룸의 위상을 세계적으로 높인 곳이자 여기서 가장 큰 비중을 갖는 박물관이다. 하인츠 힐머와 크리스토프 자틀러가 설계해서 1998년에 완공한 이 건물에는 13세기에서 18세기까지 제작된 수많은 명화들이 시대별로 정리돼 있다.

그러나 내가 이곳에서 가장 감동받은 부분은 회화가 아니라 건물이었다. 처음 건물 안으로 들어가면 흰 원통형의 공간 안에 서게 된다. 전실前室인 셈이다. 일상 속에 있다가 바로 예술품을 접하는 것이 아니라, 마음을 비우거나 가다듬을 수 있는 완충지대 내지는 준비시간을 주는 것이다. 관람에 앞서 세척실로 들어가는 기분이다. 장식도 없고 색채도 없는 흰 공간이 이렇게 아름다울 수 있다는 생각에 한참을 멍하니 서 있게 된다.

이윽고 안으로 들어가면 크고 길쭉한 방이 나타난다. 그랜드 홀이라는 방은 전체 전시실로 통하는 중앙 광장과 같은 역할인데, '명상의 방'이라고도 부른다. 중앙에 있는 독특한 분수는 미국 조각가 월터 드 마리아의 조각 「5-7-9」다. 중세의 회화들 사이에 있는 현대의 관념적인 조각, 이것을 여기에 놓을 생각을 한 그들의 두뇌가 부럽다.

이 방 주위로 72개의 크고 작은 전시실들이 돌아가면서 연결돼 있다. 전시실로 들어가면 입구에서 가장 가까운 첫 번째 방부터 순서대로 이동하며, 72개의 방이 시대순으로 이어진다. 각 방은 나라와 시대별로 구분되어 있다. 구경하다가 지치거나 생각할 것이 있으면 어디서나 중앙에 있는 명상의 방으로 돌아가서 잘생기고 튼튼한 나무 벤치에 앉아 「5-7-9」를 바라보며 쉴 수 있다.

국립 회화관 그랜드 홀 '명상의 방'

회화들은 이탈리아, 플랑드르, 독일 등의 비중이 크지만 북유럽과 스페인, 프랑스, 영국의 방도 있다. 1층에 850여 점, 지하의 복도 전시장에 400여 점이 걸려 있다. 그림을 모두 보면서 걷는다면 동선의 길이가 2킬로미터가 넘는다고 한다. 대표적인 화가들만 추려도 홀바인, 반다이크, 렘브란트, 루벤스, 베르메르, 뒤러, 라파엘로, 보티첼리, 티치아노, 카라바조, 브뤼겔 등이 있다. 이 거장들의 그림이 한두 점 구색만 갖추는 데 그치지 않고 수준이 높은 것들로 엄선돼 있다. 이 수집품들은 프로이센의 왕실 컬렉션을 바탕으로 한다. 1871년에 베를린이 독일 제국의 수도가 되자 제국 정부는 서유럽의 유명 미술관들에 비해서 뒤

떨어진 그들의 컬렉션을 보완하기 위해 엄청난 금액을 미술품 구입에 사용했고, 특히 보데 미술관의 초대 관장이었던 빌헬름 폰 보데 같은 전문가들이 체계적이고 공격적인 구매에 나서서 네덜란드와 이탈리아의 명화들을 취득하는 데 성공했던 것이다. 이런 열렬한 수집 활동이 베를린 국립 회화관의 오늘을 만들었다.

신 국립 미술관 Neue Nationalgalerie

쿨투르포름의 여러 박물관들 중에서 제일 앞에 위치한 이곳은 건물 자체가 현대건축의 명작으로 꼽힌다. 사면의 벽이 다 유리로 된 이 건물은 현대건축의 원조격인 루드비히 미스 반 데어 로에의 대표작으로, 1968년 개관할 당시 혁신적인 건축미를 자랑했다. 들어가면 넓고 트인 실내가 인상적이다. 1층에는 전시물이 보이지 않는데, 유리벽에는 액자를 걸 수가 없으니 미술관으로서는 파격적인 설계다. 8.4미터에 달하는 높은 천장은 유리벽과 함께 넓은 공간감을 선사한다. 기둥이 없이 몇 개의 내력벽만으로 넓은 지붕을 지탱하는 모습이 볼 만하다.

1층에서 티켓을 사면 계단을 통해서 지하로 내려간다. 지하야말로 20세기 미술의 보고寶庫다. 내려가면 예상하지 못한 광경이 펼쳐진다. 즉 지하인데도 뒤편에 있는 야외 조각 공원이 보이는 것이다. 의자들이 놓여 있어서 거기 앉아서 유리창을 통해 밖의 조각들을 감상할 수 있다. 이곳에 놓인 의자들이 미스 반 데어 로에의 유명한 '바르셀로나 의자'다. 명품 의자에 앉아서 즐겨볼 좋은 기회다. 이곳에서 조각들을 감상할 때면 정말 시간이 멈추는 것만 같다.

좀 쉬었으면 전시장을 둘러보자. 20세기 서양미술의 교과서가 펼쳐

신 국립 미술관

진다. 여기서 가장 비중 있는 분야는 독일 표현주의 회화들로서, 20세기 초반을 강타한 다리파Die Brücke가 중시되고 있다. 특히 에른스트 루드비히 키르히너의 작품은 주목해야 한다. 프랑스 미술을 중심으로만 서양미술사를 알고 있었던 우리의 뒤통수를 때리는 신선함이 있다. 감동과 지적 호기심을 불러일으키는 훌륭한 회화들이 즐비하다. 그 외에도 바우하우스, 입체파, 초현실주의 등 잘 알려지지 않은 그림들이 많다. 물론 잘 알려진 피카소, 미로, 칸딘스키 등의 작품도 있다.

장식미술 박물관 Kunstgewerbemuseum Berlin

쿨투르포룸에서 빼놓을 수 없는 것이 장식미술(혹은 공예) 박물관이다. 들어가기 전에는 '박물관도 많은데 여기도 꼭 들어가야 하나?' 라고 생각할 수도 있는데, 나올 때는 분명 만족할 것이다. 이 박물관은 1868년에 설립되어 몇몇 장소를 옮겨 다니다가 1985년에 지금의 건물로 이전했다. 건물은 독일 건축가 롤프 구트브로트의 대표작이다. 밖에서 보면 평범해 보일 수도 있지만, 콘크리트와 벽돌로 이루어진 공간은 인간 친화적이다. 실내는 생각보다 넓다. 이 트인 공간을 활용하는 다양한 방식이 관람객의 생각까지 자유롭게 만들어준다.

이곳의 전시품들은 역사적으로 장식물의 대표였던 금은세공품을 비롯하여, 유리, 에나멜, 도자기, 가구, 태피스트리, 의상 및 직물 등 거의 모든 장식미술을 아우른다. 시대는 고대에서 현대에 이른다. 특히 19세기 아르누보 가구들과 20세기 패션 예술의 대표주자인 이브 생 로랑이나 크리스티앙 디오르 등의 의상까지 있어서 장식미술의 거의 모든 장르를 한 번에 볼 수 있다.

동판화 박물관 Kupferstichkabinett Berlin

동판화 박물관은 독일에서 가장 큰 그래픽 아트 박물관으로서, 50만 점의 판화 및 그래픽 인쇄물과 11만 점의 드로잉을 보유하고 있다. 프리드리히 빌헬름 1세가 수집했던 수채화와 스케치 컬렉션을 바탕으로 1831년에 문을 열었다. 1994년에 쿨투르포룸에 롤프 구트브로트의 설계로 건물을 지어서 여러 곳에 흩어져 있던 컬렉션들을 모아 독립했다.

전시작은 고대부터 현대까지 모든 시대를 아우르지만, 중세와 그 직후 시대의 컬렉션이 막강하다. 브뤼겔, 만테냐, 렘브란트 등을 필두로 뒤러나 그뤼네발트 등 독일 화가들의 드로잉들도 만나볼 수 있다. 특히 단테의 『신곡』의 삽화로 그린 보티첼리의 드로잉, 건축가 쉰켈의 드로잉, 현대화가인 키르히너, 뭉크, 피카소 등의 드로잉 등이 주요 소장품으로 꼽힌다.

필하모니 Philharmonie

베를린 일정을 세울 때면 늘 베를린 필하모니의 프로그램을 체크하게 된다. 결국 필하모니는 거의 매번 방문하는 곳이다. 숙소가 가까우면 걸어가지만, 멀리 있어도 가기는 어렵지 않다. 바로 200번 버스가 있기 때문이다. 버스가 이곳의 현관 앞에 정차한다는 사실은 베를린의 정신을 보여주는 사례다. 우리처럼 공연장 앞에 줄을 서는 고급 자동차의 행렬은 어디에도 보이지 않는다. 예술의 전당처럼 관용차가 안마당까지 연기를 뿜으면서 들어가는 모습도 여기서는 볼 수 없다. 남루한 코트를 입은 사람들이 버스에서 내린다. 오랫동안 기다려왔던 오늘의 음악회가 평범한 시민들의 소중한 일정이라는 것이 느껴진다. 현관 앞에 정차한 버스에서 내린 사람들은 주자창에서 올라오는 어떤 사람보다도 빨리 공연장으로 들어갈 수 있다. 1분도 걸리지 않는다. 그런 '시민'들로 홀이 채워지면 공연이 시작된다.

우리는 베를린 필하모니라고 부르지만 베를린 사람들은 당연히 그냥 '필하모니'라고 한다. 이 이름은 악단이 아니라 쿨투르포룸에 자리잡은 이 공연장의 이름이다. 필하모니는 두 개의 공연장을 가지고 있는데, 큰 방인 그로서 잘Großer Saal은 2,440석이며, 작은 방은 실내악홀인 캄머무지크잘Kammermusiksaal로 1,180석이다. 두 공연장은 형과 동생처럼 닮은 형태로 설계되었다. 기존의 공연장이 전쟁 때 파괴된 베를린 필하모닉 오케스트라는 1956년에 새 공연장 설계를 공모했다. 응모자의 이름을 가린 채로 당선작을 선정했는데, 그 주인공은 베를린 공대의 노교수 한스 샤로운이었다. 그러나 샤로운의 디자인이 너무 파격적이어서 반대 여론이 극심했다. 이에 당시 악단의 수장인 카라얀이 자기 자리를 걸고 밀어붙여서 결국 필하모니는 완공되었다.

필하모니 그로서 잘

필하모니

필하모니는 1963년에 카라얀의 지휘로 베토벤의 『합창』 교향곡을 연주하면서 개관했다. 주 공연장인 그로서 잘은 오각형 세 개를 겹쳐 놓은 것 같은 불규칙한 모양을 지니고 있어서 획기적인 설계로 받아들여졌다. 이 오각형들이 겹쳐지면서 생기는 여러 삼각형들이 테라스 모양의 객석이 되는데, 그것을 '포도밭 형태'라고 부른다. 이 객석들은 오케스트라를 둘러싸고 있으며, 사방에서 지휘자를 볼 수 있게 되어있다. 그 모양이 서커스단 텐트 같다거나 혹은 카라얀이 자신을 돋보이게 하려고 지휘자를 중앙에 배치했다는 등, 이 공연장을 험담하는 사람들도 있었다. 그러나 막상 가장 돋보인 것은 음악이었다. 어느 자리에서나 고르게 들리는 뛰어난 음향 앞에서 그간의 모든 비난은 공허하게 날아갔다. 비싼 자리나 값싼 자리나 모두 좋은 음향과 좋은 시야를 갖게 된 것이다. 그래서 사람들은 필하모니가 공연장 사상 최초로 민주화를 이루었다고 말한다. 이후로 여러 공연장들이 이런 포도밭 형태의 공연장을 지으면서 세계 공연장의 형태는 바뀌어버렸다. 지금도 필하모니는 세계에서 음향이 가장 좋은 연주장 중 하나로 꼽힌다. 실내악 공연장인 캄머무지크잘은 샤로운이 서거한 이후인 1987년에 그가 남겨놓은 설계에 기초하여 그의 제자인 에드가 비스니브스키가 완성시켰다.

필하모니의 또 하나의 장점은 로비에서 객석으로 단시간에 들어가고 나올 수 있다는 점이다. 각기 자신의 포도밭을 표시하는 알파벳만 보고서 쉽게 출입하게끔 혁신적으로 설계되었다. 로비를 멋지게 장식한 스테인드글라스는 알렉산더 카마로의 작품이고, 건물의 겉면에 붙은 노란 알루미늄 패널은 한스 울만의 디자인이다.

헤르베르트 폰 카라얀

Herbert von Karajan, 1908~1989

인물

베를린 필하모닉 사상 가장 긴 35년간 지휘자로 재직했던 헤르베르트 폰 카라얀은 당대 음악계에 가장 큰 영향력을 가졌던 인물이다. 잘츠부르크에서 태어난 그는 30세의 나이로 베를린 필과 베를린 슈타츠오퍼를 지휘했다. 하지만 그 시기가 나치의 집권기와 일치했다는 점에서 평생 비난도 따라다녔다. 전후에 카라얀은 나치 문제에 관해서 면죄부를 받고 유럽 최고의 자리들을 모두 차지했다. 빈 악우협회, 라 스칼라 극장, 필하모니아 오케스트라를 동시에 지휘했고, 베를린 필하모닉의 상임 지휘자가 되었으며, 빈 국립 오페라극장의 감독이 되었다. 한편 그는 베를린의 필하모니 홀을 건설한 장본인이기도 한데, 그곳의 독특한 형태와 뛰어난 음향은 세계 콘서트홀의 흐름을 바꾸었다.

카라얀은 평생 베를린 필 및 빈 필과 함께 많은 명반을 남겼다. 베토벤 교향곡 녹음을 가장 많이 남긴 지휘자로도 유명한 그는 독일-오스트리아 음악은 물론, 러시아와 북유럽, 신 빈 악파 이후의 현대음악까지 폭넓은 음악을 소화했다.

큰 성공을 거둔 그는 상업적이라는 비난과 자의적인 해석이 강하다는 등의 비판을 받았지만, 개성과 통찰력이 넘치는 그의 지휘는 천재적인 조탁능력을 보여줌으로써 청중을 음악에 몰입시킨다.

베를린 필하모닉 오케스트라

베를린 필하모닉 오케스트라Berliner Philharmoniker

베를린이라는 이름을 붙인 브랜드 중에서 가장 유명한 것이 교향악단이라는 점은 놀라운 일이다. 그들 말로 '베를리너 필하모니커'라고 부르는 이 오케스트라는 실력과는 별개로 지구에서 가장 유명한 교향악단이다. 1882년에 창설된 이 악단은 초기의 지휘자 한스 폰 뷜로가 진지한 음악을 철저히 준비한다는 철칙을 유지하면서 명성을 쌓았다. 이어 아르투르 니키슈와 빌헬름 푸르트벵글러 등 최고의 지휘자들을 거치면서 가장 연주력이 뛰어난 오케스트라로 자리매김했다. 하지만 나치가 집권했을 때, 당국은 베를린 필을 선전 도구로 이용하기도 했다.

이후 푸르트뱅글러가 가고 카라얀의 시대가 열렸다. 이 시기에 베를린 필은 카라얀과 함께 세계 음반 업계에서 가장 막강한 브랜드가 되었다. 카라얀은 매끈하고 유려한 사운드를 내세우면서 열광자와 비판자를 동시에 양산했다. 특히 최신 기술에 매혹된 카라얀 덕분에 베를린 필은 시기마다 스테레오 녹음, 디지털 녹음, CD 녹음, 영상물 제작, 레이저디스크 녹화 등의 첨단 작업에 선구적으로 참여했다. 카라얀은 재임 중에 공연장의 신축에 힘써서 필하모니를 개관했고, 드디어 베를린 필은 집을 가지게 되었다.

그러나 35년의 집권 끝에 카라얀은 단원들과의 불협화음과 건강문제로 1989년에 사임했다. 이후 클라우디오 아바도(1989~2002)와 사이먼 래틀(2002~2018)이 전임자의 명성을 이었고, 역시 많은 명반들을 출시했다. 두 사람의 시대에 베를린 필은 몇 가지 대표적인 콘서트를 확립했다. 그들의 창립 기념일이기도 한 5월 1일에는 발트뷔네에서 발트뷔네 콘서트를 하며, 매년 연말에는 실베스터 콘서트(송년음악회)를 연다. 또한 매년 유럽 문화 수도의 역사적인 장소를 찾아가서 공연하는 유로파 콘서트도 유명하다. 카라얀이 베를린 필을 잘츠부르크로 초대해서 시작한 부활절 페스티벌은 2013년부터는 바덴바덴으로 장소를 옮겼다. 2008년부터 베를린 필은 온라인으로 콘서트 실황을 세계에 제공하고 있으며, 2014년부터는 악단의 이름을 딴 자체 레이블을 만들어서 음반을 직접 출시하고 있다.

베를린 필은 매달 시민들을 위해 무료 런치 콘서트를 여는데, 이때는 개별 단원이나 실내악팀이 출연한다. 베를린 필은 자체적으로 많은 실내악팀을 두고 있는 것으로도 유명하며, 악단에서 단원들의 실내악 활동을 적극적으로 지원한다. 12 첼리스트, 현악 사중주단, 목관 오중

베를린 필 런치 콘서트

주단, 팔중주단 등 수십 개의 실내악 팀이 있다. 단원들은 대부분 두 개 이상의 실내악팀에서 활동한다. 현재는 독자적인 법인이며 지휘자는 단원들이 비밀 투표로 선정한다. 2019년부터는 키릴 페트렌코가 지휘자를 맡고 있다.

베를린 악기 박물관Musikinstrumenten Museum Berlin, MIM

베를린 필하모니 옆에는 필하모니와 형태가 흡사하고 색깔도 노란 건물이 있다. 이곳은 베를린 악기 박물관이다. 이름만 보고 악기만 보여주는 곳이라고 생각한다면 곤란하다. 이곳을 다 돌고 나면 서양음악의 전체적인 역사와 함께 왜 그 시대에 그런 악기와 음악이 나왔는가 하는 부분들도 알게 된다. 많은 도시에 다양한 악기 박물관들이 있지만, 이곳은 독일에서 가장 크고 체계적인 악기 박물관이다. 1888년 베를린 왕립 음악원의 고악기 컬렉션으로 시작되었다가 컬렉션이 늘어났다. 건물은 필하모니를 설계한 한스 샤로운이 함께 설계했지만, 1972년에 그가 사망하면서 조수인 에드가 비스니브스키가 이어받아 1984년에 완공되었다.

16세기부터 현대까지의 악기들이 잘 정리되어 있으며, 총 소장품은 3,500점이 넘는다. 카를 마리아 폰 베버가 사용했던 피아노포르테와 이탈리아 명품 바이올린인 스트라디바리, 과르네리, 아마티 등을 볼 수 있으며, 유리 하모니카나 자동 피아노 등도 있다. 특히 시네마 오르간의 시연이 유명한데, 박물관 투어가 끝나는 매일 오후 6시와 매주 토요일 낮 12시에 시연된다. 내부 공연장인 쿠르트 작스 잘Curt Sachs Saal에서 콘서트가 열리기도 한다.

성 마테우스 교회 St. Matthäus Kirche am Kulturforum

쿨투르포룸에 가면 넓은 대지에 여러 현대식 건물들이 나지막하게 배치되어 있다. 그런데 그런 쿨투르포룸의 한복판에 첨탑을 가진 교회가 눈길을 사로잡는다. 성 마테우스 교회로서, 쿨투르포룸의 유일한 역사적 건물이다. 프리드리히 아우구스트 슈튈러의 설계로 1846년에 세워진 이 로마네스크 양식의 교회는 지금 봐도 아름답다. 이 건물은 현재는 교회가 아니라 베를린시의 소유로 쿨투르포룸의 일부이다. 현대미술에 대한 강의나 전시가 열리며 콘서트도 열린다. 특히 낮 12시 30분에는 오르간 콘서트가 열린다.

베를린 미술 도서관 Kunstbibliothek Berlin

베를린 미술 도서관은 쿨투르포룸의 제5의 미술관이라고 할 수 있는 곳이다. 미술에 관해서는 없는 책이 거의 없는 곳으로, 소장 도서가 40만 권에 이른다. 이 도서관의 뿌리는 1867년까지 거슬러 올라가는데, 현재의 자리로 온 것은 1972년이다. 세계의 미술 관련 정기 간행물만 1,400종을 받아 보고 있다. 보고 싶은 것이 있으면 신청하면 된다.

주립 도서관 Staatsbibliothek zu Berlin – Preußischer Kulturbesitz

쿨투르포룸 건너편을 보자. 우주기지처럼 생긴 거대한 노란색 건물이 베를린 주립 도서관이다. 즉 운터 덴 린덴 편에서 설명한 베를린 주립 도서관의 별관이다. 운터 덴 린덴에 있는 주립 도서관이 동서 베를린의 분열로 동독으로 넘어가자 서베를린에서도 도서관을 짓게 되었다. 그런데 설계자인 한스 샤로운이 공사 도중인 1972년에 사망하면서

주립 도서관 내부

에드가 비스니브스키가 이어서 완공했다. 1978년에 완성된 도서관은 혁신적인 시설과 쾌적하게 넓은 공간으로 주목을 받았다. 통일 이후에는 운터 덴 린덴의 도서관과 통합하여, 한 재단 안에 두 개의 큰 도서관이 있는 형태를 유지하고 있다. 운터 덴 린덴의 도서관은 주로 1945년 이전의 도서들을 소장하며, 이후의 도서는 이곳에 있다.

독일 저항 기념관 Gedenkstätte Deutscher Widerstand

독일에 와서 유의해야 할 점 중 하나는 그들을 함부로 나치 내지는 나치 후예로 지칭해서는 안 된다는 점이다. 그들 모두가 나치를 지지하지는 않았다. 히틀러에 대한 암살을 기도했던 군부도 있었는데, 영화 「작전명 발키리」에 그때의 상황이 나온다.

독일 저항 박물관은 독일 내부에서 나치에 저항했던 기록을 전시하는 곳이다. 마당에 있는 나체상은 희생자를 상징하는데, 조각가 리하르트 샤이베의 작품이다. 석상이 서 있는 자리가 1944년에 히틀러의 암살을 기도했던 저항 군인들이 처형되었던 장소다(영화에도 나온다). 가서 보면 처형당한 장교들의 이름이 적혀 있는데, 그중 클라우스 폰 슈타우펜베르크 대령이 영화에서 톰 크루즈가 연기했던 인물이다. 2019년에 이 자리에서 있었던 거사 75주년 기념식에서 메르켈 총리는 "이곳의 희생자들은 우리가 극우극단주의, 반유대주의, 인종주의에 맞서 결연히 싸워야 한다는 것을 깨우쳐 준다"고 연설했다.

희생자를 상징하는 나체상

바우하우스 박물관, 바우하우스 아카이브 Bauhaus Archiv

이곳의 정식 명칭은 바우하우스 아카이브, 즉 바우하우스 자료관이다. 바우하우스를 좋아한다면 말할 것도 없고, 그렇지 않더라도 디자인이나 건축에 관심이 있다면 둘러봐야 할 곳이다. 바우하우스 양식의 아름다운 3층 건물은 흰 식빵처럼 생겼다. 안에는 창시자인 발터 그로피우스의 잘생긴 사진이 여기저기 걸려 있다. 베를린 출신인 그로피우스는 건축을 중심으로 조형예술 분야를 통합하겠다는 의도로 1913년 바이마르에 바우하우스의 문을 열었다. 이후로 바우하우스는 장르 간의 교차 및 혼성 작업이 많았던 20세기 조형예술의 역사를 주도했다. 지금 우리가 누리는 많은 예술적 성과가 여기에서 시작되었다.

바이마르에서 시작한 바우하우스는 1932년에 베를린으로 이주했다. 1933년 나치에 의해서 강제로 문을 닫게 되지만, 이곳에서 탄생한 디자인 작품과 건축물들은 이미 20세기 예술의 중요한 부분을 형성해가고 있었다. 루드비히 미스 반 데어 로에와 파울 클레, 바실리 칸딘스키, 라슬로 모홀리 나기 등이 베를린의 바우하우스 교수를 역임했던 사람들이다.

이런 바우하우스 운동이 남긴 작품과 기록들을 모아놓은 곳이 바우하우스 아카이브다. 1960년에 다름슈타트에 세워졌다가 1971년에 베를린으로 이주했으며, 지금의 건물은 1997년에 세워졌다. 여기 오면 설계도, 미니어처, 가구, 의상, 식기, 공예품 등 바우하우스의 중요한 자료들을 실제로 만날 수 있다. 현재는 개조 공사로 문을 닫고 2022년에 재개관 예정이다. 그 기간에 자료들은 크네스베크 슈트라세Knesbeckstraße에 있는 임시 공간에서 전시된다.

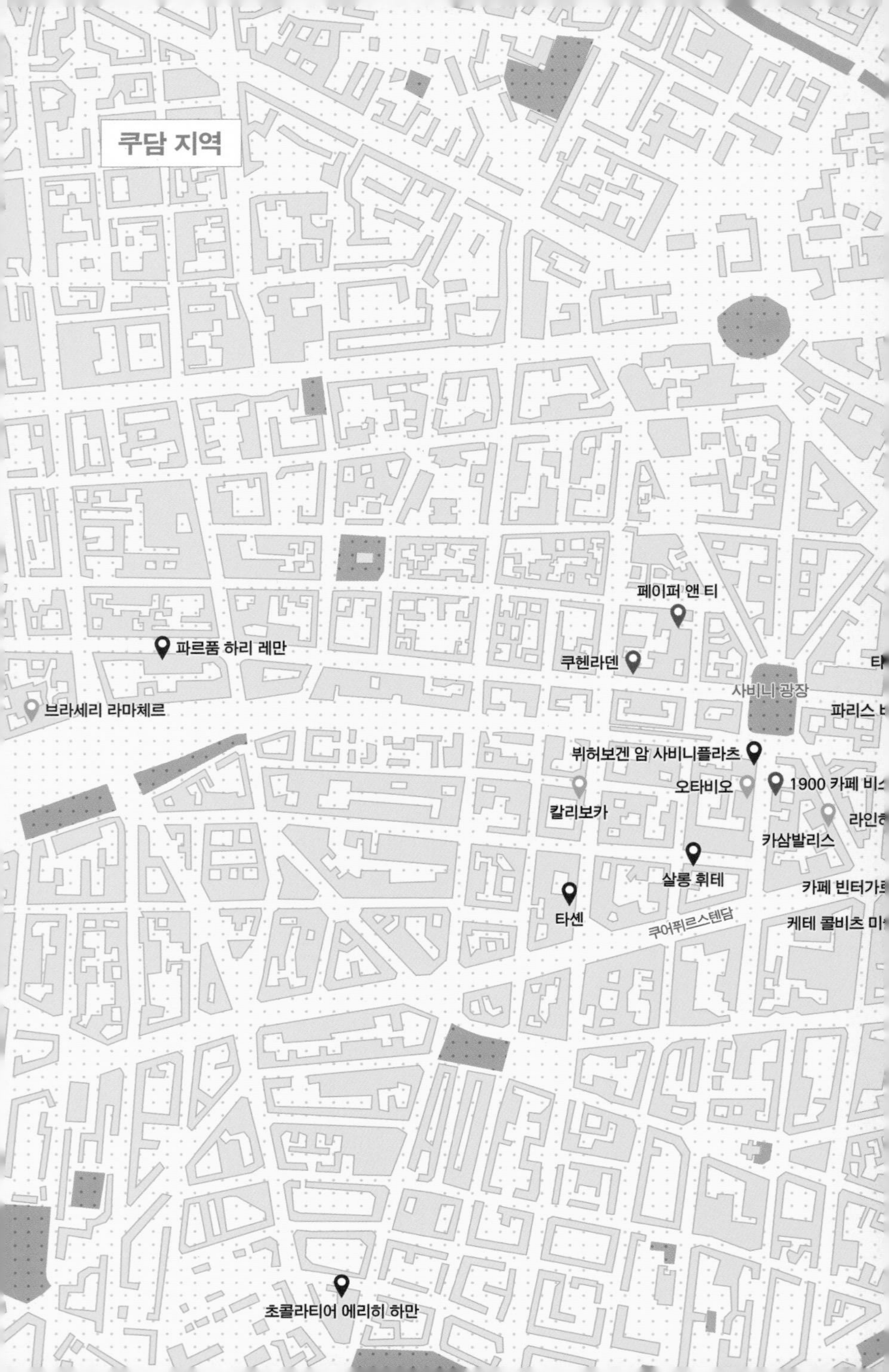

쿠담 지역
페이퍼 앤 티
파르품 하리 레만
쿠헨라덴
사비니 광장
브라세리 라마체르
뷔허보겐 암 사비니플라츠
칼리보카
오타비오
1900 카페 비스
라인하
카삼발리스
살롱 휘테
타센
카페 빈터가르
쿠어퓌르스텐담
케테 콜비츠 미
초콜라티어 에리히 하만

카페엠 본사
지게스조일레
티어가르텐
가스등 야외 박물관
카페 암 노이엔 제
다스 스투에 호텔
로자 룩셈부르크 다리
사진 박물관
베를린 동물원
로자 룩셈부르크 기념비
C/O 베를린
카이저 빌헬름 기념 교회
타우엔치엔 슈트라세
카페 아인슈타인 본점
카데베
어반 네이션

쿠담 지역

카이저 빌헬름 기념 교회 Kaiser-Wilhelm-Gedächtniskirche

어릴 적 집에 『김찬삼의 세계 여행』이라는 책이 있었다. 국내에서 발간된 여행서 중에서 컬러 사진으로 세계 전역을 다룬 최초의 책이 아닐까 생각한다. 두꺼운 책이 열 권이나 될 정도로 방대한 내용이었다. 아마 가족 중 누군가가 사놓은 것이리라. 하지만 그 책은 내 차지였다. "책은 읽는 사람이 임자"라는 말을 되뇌며 틈만 나면 그것을 읽는 게 한동안의 낙이었다.

그 책은 어린 마음을 들뜨게 했다. 지구에 이렇게 다양한 장소가 있고 별의별 나라가 다 있다는 것을 처음 깨달았다. 지금 내가 여행기를 쓰는 데에도 영향을 끼쳤을 것이다. 지금 그 책이 어디로 사라졌는지는 알 수 없지만, 강변에 누워 있는 영국 국회의사당이나 거대한 콜로세움 등의 모습은 여전히 눈에 선하다. 그중에는 지금도 인상적인 한 교회가 있었다. 높은 종탑이 폭격으로 무너져 버렸는데, 그 잔해를 그대로 놔두고 그 옆에 현대식 교회를 새로 세운 것이다. 해설에 따르면 그 모습은 당시 베를린 사람들의 생각을 담고 있었다. 전쟁을 일으킨 과거를 담은 유물을 헐지 않고 보존함으로써 후세에 교훈을 남긴다는 것이었

카이저 빌헬름 기념 교회

다. 이 해설은 어린 나의 뇌리에 깊이 박혔다.

옛 서베를린 지역에는 유적이 많지는 않다. 그중에 정말 가봐야 할 곳이 있다면 바로 이 교회다. 아침에 일어나서 즉흥적으로 행선지를 결정하던 시절에도 그 교회를 찾는 날만은 일요일로 미리 정해 놓았다. 아침 일찍 일어나 200번 버스를 탔다. 교회이니 일요일에 가는 것이 제격이다. 버스가 브라이차이트 광장Breitscheidplatz에 도착한다. 옛 교회는 화재로 그을린 검은 뼈대를 드러내며 마치 벼락을 맞은 노송처럼 서 있고, 그 옆에 날렵한 현대식 건물이 서 있다.

이 교회는 독일 황제 빌헬름 2세가 선친 빌헬름 1세를 기념하기 위해 세운 것이어서 이름이 카이저 빌헬름 기념 교회다. 1895년에 헌당되었으니 그리 오래된 곳은 아니다. 2차 대전 때 영국 폭격기는 교회를 심각하게 파괴했다. 종탑은 반파되었고, 예배당은 쓸 수 없게 되었다. 이후 서베를린시는 교회를 재건하기로 결정했다. 그때 부서진 종탑을 그대로 둔 채 새 건물을 세우자는 에곤 아이어만의 방안이 채택되었다. 즉 자신들이 일으킨 전쟁으로 인해 파괴된 자신들의 신전을 그대로 두기로 한 것이다. 베를린 시내 한복판에 폐허를 보존하기로 한 결정은 획기적인 용단이었다. 스스로 전쟁의 원흉임을 자인하고 자손만대에 다시는 이런 일을 일으키지 말라는 교훈을 남긴 것이다. 아이어만은 원래 있던 교회 옆에 마치 부상자를 부축하는 건장한 위생병 같은 튼튼하고 아름다운 교회를 올렸다. 새 교회의 벽면은 작은 입방형의 푸른색 유리 수만 개를 이용하여 만들어졌고, 새 종탑은 부서진 종탑보다 조금 낮은 키에서 멈추었다. 둘은 다정하게 서 있다. 이렇게 독특하고 의미가 깊은 교회, 반전反戰의 정신을 기리는 교회가 1963년에 완성되었다.

종탑처럼 키가 작고 넓은 예배당으로 들어간다. 아, 놀랍다. 팔각형으로 이루어진 예배당에 들어선 내게 밀려오는 형용사는 한 가지, '푸르다!' 푸른 입방체의 유리를 통해서 들어오는 푸른 빛들로 가득해서 마치 파란 다이아몬드 속에 앉아 있는 것 같다. 칸딘스키가 "푸른색이 가장 강렬하고 순수하다"고 말한 것이 실감난다. 황홀하고 초자연적인 무언가가 느껴지는 공간이다. 그러나 잘 보면 다른 색의 빛도 있다. 자세히 보면 각 입방체는 모두 스테인드글라스여서 다들 그림이 그려져 있다. 모두 손으로 직접 제작한 것으로 하나도 같은 모양이 없다. 유리 조각마다 각기 다른 비율로 초록색, 빨간색, 노란색이 들어 있다. 전체적인 푸른 색조 위에 삽입된 다른 색깔들은 보석처럼 영롱하게 빛난다. 2만 개가 넘는 유리 조각은 프랑스의 스테인드글라스 작가 가브리엘 루아르의 역작이다. 벽에 걸린 예수상은 십자가로 유명한 조각가 카를 헤메터의 대표작이다. 이 예수상은 건장한 30대 청년이 아니다. 신체장애로 인해 힘든 일생을 살았던 작가 헤메터처럼, 초로의 예수는 힘들어 보인다.

예배가 시작된다. 멋진 건물이 주는 효과는 의식儀式의 감동을 배가시킨다. 그들의 예배는 소박하고 검소하다. 목사의 강연은 알아들을 수가 없지만, 끝까지 앉아 있었다. 어린 시절 책에서 보았던 이곳까지 올 수 있도록 수십 년에 걸쳐서 이끌어주신 데에 감사하며 기도했다. 마지막에 신도들이 나가서 초를 들고 둥그렇게 서서 기도하는 의식이 인상적인데, 바그너의 『파르지팔』을 연상시킨다. 키가 다소곳한 한국 여학생이 눈에 띈다. 아마 유학생이리라. 그녀가 공부를 잘 마치고 부모님

카이저 빌헬름 기념 교회 내부

품에 무사히 돌아가라고 빌어주었다. 밖에 나오니 아침에 흐렸던 하늘은 맑게 개어 있었다.

쿠담, 쿠어퓌르스텐담 Kudamm, Kurfürstendamm

크리스타 볼프의 소설 『나누어진 하늘』에 보면 쿠담에 처음 온 여주인공이 이 거리를 정의하는 장면이 있다. "유명한 번화가"에 처음 온 그녀는 "그 거리는 그렇게 아름답고 그렇게 부유하고 그렇게 번쩍여야 마땅했다"라고 독백한다. 그 표현처럼 쿠담은 베를린에서 가장 화려한 거리다. 카이저 빌헬름 기념 교회에서부터 남서쪽으로 나 있는 넓은 쇼핑가로, 베를린의 샹젤리제라고도 불렸던 이곳에는 고급 패션 가게들을 위시한 상점과 카페, 식당, 호텔 등이 밀집해 있다. 쿠담이라는 큰 거리 외에 그 배후 지역도 세련된 곳이다. 1920~30년대에는 밤의 문화가 번성하여 카바레, 극장, 술집과 식당 등이 불야성을 이루기도 했다. 그러다가 대공황과 이 지역에 많이 거주했던 유대인에 대한 탄압 등으로 인해 이전의 영화는 주춤해졌고, 이후 2차 대전을 맞이했다.

그러나 전후에 이 지역은 다시 부활했다. 쿠어퓌르스텐담이 이 거리의 원래 이름이지만, 현지인들도 이 이름이 길고 어려운지 줄여서 '쿠담'이라고 부르곤 한다. 보통 그냥 베를린의 서부 즉 '웨스트' 혹은 '베스트West'라고 하면 쿠담을 중심으로 한 지역을 말한다. 그러나 쿠담에서 가장 중요한 곳은 어디나 있는 브랜드 상점들이 늘어선 쿠담 거리가 아니다. 그 거리의 양쪽 뒤편으로 나 있는 장소, 즉 뒷골목에 숨어 있는 멋진 가게들과 갤러리, 서점 그리고 식당과 카페들이 이곳의 핵심이다. 쿠담 뒷골목을 탐험해 보면 실로 흥미진진할 것이다.

쿠어퓌르스텐담

라인하르츠Reinhard's

쿠담 거리의 브리스톨 호텔 1층에 있는 카페다. 서베를린 시절부터 쿠담 거리를 대표하는 카페였다. 한때 많은 단골들을 거느렸지만 지금은 많이 쇠락했다. 하지만 여전히 쿠담 거리를 구경하기 좋은 위치에 있으며, 커피나 간단한 식사를 하기에도 편리하다.

문학의 집과 그 안의 카페 빈터가르텐Café Wintergarten im Literaturhaus Berlin

쿠담 거리가 유명하다지만 대형 상점들이 즐비한 큰 거리만 보고 돌아간다면 안타까운 일이다. 진짜들은 뒤편에 있다. 쿠담 거리에서 빠져나가는 길 중 하나가 고즈넉한 파자넨 슈트라세Fasanenstraße다. 파자넨 슈트라세를 걷다보면 덤불이 우거진 정원을 가진 집이 나타난다. 리테라투어하우스, 즉 '문학의 집'이다. 실제 문학 모임이 열리며 안에는 서점도 있다.

그러나 이곳이 지닌 가장 큰 매력은 정원을 내려다보는 카페인 빈터가르텐(겨울 정원)이다. 내가 베를린을 떠올리면 늘 함께 떠오르는 그리운 곳이다. 이곳에서 식사를 할 수도 있고 커피를 마시기도 한다. 여기서 책을 읽으면 정말 편안하며, 지금 베를린에 있다는 사실을 일깨워준다. 더불어 이렇게 행복한 시간을 몇 번이나 다시 만날 수 있을까 하는 절절함이 스며온다. 나는 이곳에서 책 읽기를 즐긴다. 수국이 흐드러진 마당 한편에는 손님이 데려온 강아지가 낮잠을 즐기고 있다. 이곳의 가장 큰 장식은 손님들이다. 문학이나 문화에 대한 향수를 가지고 있는 사람들이 많다. 다들 책을 읽거나 목소리를 낮추어 대화한다. 요즘은

카페 빈터가르텐

스마트폰의 시대라 할 수 있지만, 이런 문학 카페가 주는 느림의 분위기는 바쁜 발걸음을 붙잡고 가쁜 호흡도 뒤돌아보게 한다. 이곳은 내가 베를린에서 가장 좋아하는 장소 중 하나다.

케테 콜비츠 미술관 Käthe Kollwitz Museum

파자넨 슈트라세를 걷다 보면 간판 하나가 눈에 들어올 것이다. 케테 콜비츠 미술관이다. 가정집을 개조한 이 미술관은 베를린의 수많은 박물관과 미술관들 중에서도 유독 우리의 삶에 질문을 던져주고, 우리의 행로가 올바른지 뒤돌아보게 해주는 장소다.

케테 콜비츠는 20세기의 가장 중요한 여성 화가이자 조각가다. 유명한 곰브리치의 『서양미술사』는 애당초 단 한 명의 여성 미술가도 다루

지 않았다고 한다. 그런 곰브리치가 『서양미술사』의 개정판을 내놓았을 때 추가된 단 한 명의 여성이 바로 콜비츠였다. 현대미술에서 그녀가 차지하는 비중을 강조하는 일화다. 콜비츠의 그림이나 조각들은 예쁘지 않다. 하지만 보는 이의 심장을 때리고, 눈물을 흘리게 하고, 주먹을 불끈 쥐게 만든다. 그녀는 예쁜 것을 보여주는 화가가 아니라 자신의 모든 것을 다하여 우리의 가슴을 뒤흔드는 예술가다. 그녀의 작품에는 소외된 집단에 대한 사랑이, 권력에 의해 억압받는 계급에 대한 연민이, 아들에 대한 어머니의 모성이 절절하게 묻어 있다. 그녀는 가슴으로 사랑을 표현한 예술가였으며, 자신의 작품만큼이나 힘든 인생을 살았던 한 여성이자 아내이고 어머니였다.

KÄTHE-KOLLWITZ-MUSEUM
BERLIN
Fasanenstraße 24 · 10719 Berlin · Telefon 882 52 10

케테 콜비츠 미술관

콜비츠는 독일 최고의 여성 화가이자 조각가였다. 그녀는 서민들을 위한 의료조합 사업에 헌신했던 의사인 남편에게 감화되어 사회적 문제에 관심을 가지게 되었고, 이후 평생 동안 사회적인 미술 작업에 헌신했다. 그녀는 남편을 여읜 후에 두 번의 세계대전에서 각각 아들과 손자를 잃었고, 나치로부터 박해를 당하며 슬픈 생애를 마쳤다.

그녀는 탄생 100주년인 1967년 이후에 우리나라에도 소개되면서 1970년대의 한국 민중미술에 결정적인 영향을 끼쳤다. 나도 80년대에 대학을 다니면서 민중예술을 접했지만, 거칠고 투박한 민중화들은 솔직히 내 심장을 흔들지 못했다. 그렇게 80년대가 지나면서 우리나라의 참여미술도 함께 시들어갔다. 그랬던 내가 베를린에서 잃어버렸던 젊은 날의 열정을 되찾았다. 나에게 민중미술의 기억을 되살려준 것은 콜비츠 미술관이었다. 실로 충격이었다. 80년대 민중미술에서 감동할 수 없었던 나는 3층까지 가득 채운 그녀의 많은 작품들 속에서 눈물을 흘리지 않을 수 없었다. 왜 우리의 민중미술은 그러지 못했을까? 그것은 테크닉의 부족이었고, 진실함의 부족이었으며, 인류애의 부족이 아니었을까 하는 생각이 들었다. 만일 30년 전에 콜비츠를 만났다면, 내 가슴은 뜨겁게 타올랐을지 모른다.

케테 콜비츠의 「씨앗들이 짓이겨져서는 안 된다」

시간은 흘렀고 세상도 변했다. 하지만 여전히 우리 사회에는 억압받는 계층이 있고 군림하는 권력층이 있다. 권력을 갖는 것은 좋지만, 갖은 특권을 다 누리는 그들이 최소한 "국민을 위해서"라는 발언만은 하지 말았으면 좋겠다. 콜비츠 부부처럼 국민을 위한 미술을 하고, 서민을 위한 의료를 하며, 아들과 손자를 군대에 보내 전사시킨 부모가 아니라면, 매끄러운 웅변은 짧은 혀의 장난에 지나지 않는다. 나는 베를린에서 내 심장 아래쪽의 깊숙한 어딘가에 아직도 온기를 가진 재가 남아있음을 알고 그녀에게 진심으로 감사했다. 한낱 나그네로 이곳을 방문한 나는 많은 것을 배웠다. 이런 사람이 진정한 예술가다. 그들의 사랑으로 세상 사람을 움직일 수 있는 사람…. 이 미술관은 나에게 학교였다.

베를린의 케테 콜비츠 박물관은 세계에서 콜비츠의 작품을 가장 많이 보유한 곳 중의 하나다. 베를린에서 50년을 살았던 그녀를 기리는 이 미술관은 1986년에 문을 열었다. 수집가 한스 펠스로이스덴이 남긴 컬렉션을 바탕으로 판화, 드로잉, 포스터 등 약 200점을 소장하고 있다. 특히 주목해야 할 작품은 스파르타쿠스단의 지도자였던 카를 리프크네히트의 암살을 주제로 한 「카를 리프크네히트의 추모식」이다. 리프크네히트와 동지들을 마치 예수와 제자들의 모습처럼 형상화한 이 판화는 콜비츠의 대표작이다. 게르하르트 하우프트만의 연극 『직공들의 반란』에서 영감을 받은 동명의 연작 판화 및 「전쟁」과 「죽음」의 연작도 있다. 또한 뒷마당에는 구스타프 자이츠가 만든 2미터가 넘는 조각상인 「콜비츠 상」이 있다.

케테 콜비츠

Käthe Kollwitz, 1867~1945

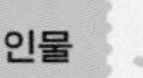

인물

그녀는 건축가였던 아버지의 재능을 이어받아서 어려서부터 그림에 재능을 보였으며 10대 때부터 미술 수업을 받았다. 그녀는 용모가 아름답지는 않았다. 딸을 너무나 사랑했던 아버지는 딸이 미모 때문에 남자에 의해서 자신의 삶을 포기할 일은 없을 거라며 흡족해 하였다고 한다. 실제로 그녀가 남긴 백여 점의 자화상에서는 흔히 말하는 여성미를 찾아볼 수가 없다. 그 자화상들 속에는 의지가 굳은 어머니, 아들을 잃은 어머니, 강인한 여성, 세상의 부당함에 분노하는 지성인의 모습이 담겨 있을 뿐이다. 다른 사람에게는 사랑과 이해를 보였지만, 자신에게는 엄격하고 준엄했던 모습이다.

하지만 아버지의 예측은 빗나갔다. 그녀는 24세가 되지 않은 나이에 의사인 카를 콜비츠를 만나서 결혼했다. 남편은 의사였지만 평생 한 번도 많은 돈을 벌거나 병원을 경영한 적이 없다. 그는 베를린에서 의료보험 조합의 의사로 평생을 봉직했고, 케테는 그런 남편을 통하여 사회의 복지 제도와 의료보험의 명암을 접했다. 결혼한 이후부터 그녀는 베를린에 정착하고 본격적인 화가의 길을 걸었다.

1914년, 1차 대전에 참전한 그녀의 둘째 아들 페터가 전사했다.

한 달 정도 후에 그녀는 페터를 위한 기념비를 만들 계획을 세웠다. 그 후로 그녀는 사회에 더 많은 관심을 가지게 되었다. 당시에 만든 작품들의 제목만 들어보아도 그녀의 심정을 알 수 있다. 그리고 50세가 지난 이후에는 본격적으로 사회에 개입하는 목판화와 포스터 작업을 진행했다. 그녀는 "나의 예술이 목적을 가졌다는 지적에 동의한다. 나는 인간이 이토록 도움을 필요로 하는 이 시대에 영향력을 미치고 싶다"라고 말했다. 그녀는 운명적으로 참여예술을 할 수밖에 없는 인성과 환경을 가진 사람이었다.

"도움이 필요한 자들을 위한 예술"

그녀는 1930년대에 독일에서 "사람의 힘으로 도달할 수 있는 가장 높은 자리에 오직 혼자만의 힘으로 도달했다." 하지만 세상에 다한 관심과 약자에 대한 사랑 때문에 그녀는 그때부터 자신의 모든 것을 잃어가기 시작했다. 나치가 집권하자 나치는 자신들의 눈엣가시였던 그녀를 제거하기 시작했다. 특히 1936년부터는 활동 금지 작가로 지정되면서 아카데미의 전시에서 배제당하고 공공건물이나 궁전에 걸렸던 작품들이 철거되는 아픔을 경험했다. 1940년에 남편이 죽고, 2년 후에는 2차 대전의 러시아 전선에 참전했던 손자 페터가 전사했다. 1945년 4월 22일, 그녀는 불과 며칠 앞두고 모리츠부르크에서 파란만장한 생애를 마감했다.

초콜라티어 에리히 하만 Chocolatier Erich Hamann

브란덴부르크 슈트라세에 있는 초콜릿 가게로, 가장 베를린다운 초콜릿을 만든다는 유서 깊은 곳이다. 1912년에 과자 기술자 에리히 하만이 설립한 이곳은 베를린에 다크 초콜릿을 보급했다. 1928년에 바우하우스 그룹의 디자이너인 요하네스 이텐이 내부를 설계해서, 그 인테리어를 보기 위해서도 방문할 가치가 있다. 과자 포장도 여전히 오리지널 디자인 그대로다.

C/O 베를린, 아메리카 하우스 C/O Berlin, Amerika Haus

이 건물에는 아메리카 하우스라는 글씨가 붙어있다. 1957년에 미국 공보원으로 지어졌던 건물이기 때문이다. 미국 정부에서 서베를린에 미국 문화를 홍보하고 정보 교류를 하기 위해서 지은 것으로, 건축가 브루노 그리메크가 설계한 모더니즘 건물이다. 서독을 방문한 역대 미국 대통령들이 모두 이곳을 방문했던 역사를 갖고 있다. 2013년부터 사진 전문 갤러리인 C/O 베를린이 이 건물을 임대하여 사용하고 있다. 사진에 관한 좋은 전시들이 많이 열리기 때문에, 관심이 있는 분들은 방문해 보기를 권한다.

사진 박물관Museum für Fotografie 및
헬무트 뉴튼 재단Helmut Newton Stiftung

동물원역에서 동물원 반대 방향으로 나가면 근엄한 신고전주의 건물이 나타나는데, 여기가 사진 박물관이다. 내부는 크고 엄숙하며, 인테리어는 아름답고 세련되었다. 과거에는 프로이센 장교 전용의 카지노였다.

사진 박물관 내부

헬무트 뉴튼

Helmut Newton, 1920~2004

인물

베를린에서 태어난 헬무트 뉴튼은 12세 때 처음 카메라를 구입하고 사진에 매료되었다. 하지만 나치가 정권을 잡자 그의 아버지는 운영하던 단추 공장을 빼앗기고 강제로 출국을 강요당했다. 뉴튼의 부모는 아르헨티나로 망명했고, 뉴튼은 따로 배를 타고 싱가포르에 기항하여 그곳 신문의 사진작가가 되었다. 2차 대전이 시작되자 독일인이었던 그는 영국군에게 체포되어 호주로 끌려가서 수용소 생활을 했다.

전후에 뉴튼은 멜버른에서 사진작가 활동을 시작했다. 그의 패션사진이 보그Vogue지의 호주판에 실렸는데, 이것이 계기가 되었다. 이 사진을 본 영국 보그가 계약을 제시하고 그는 런던으로 떠났다. 이후로도 승승장구하며 파리와 독일의 여러 잡지와 작업했다. 결국 패션계의 대표적인 작가로 부상한 뉴튼은 1961년부터 파리에 정착했다. 그때부터 그는 패션 외에도 자신만의 독특한 사진 세계를 선보였다. 종종 그의 작품이 사디즘이나 페티시즘에 매몰됐다는 비난도 있었지만, 이런 논란은 동시에 명성을 부채질했다.

성공한 뉴튼은 몬테카를로와 로스앤젤레스를 오가며 부유하게 살다가 자신이 몰던 캐딜락이 옹벽을 들이받는 사고로 세상을 떠났다. 그의 유해는 고향 베를린으로 돌아와서 묻혔다.

현재는 프로이센 문화재단의 소유인 이 건물을 베를린 출신의 사진작가인 헬무트 뉴튼의 재단이 사진 박물관으로 개조하여 2004년에 개관했다. 넓은 공간이 여유롭게 느껴지는 이곳은 중요한 사진 전시장이다. 19세기에서 20세기 초에 이르는, 우리에게는 아직 잘 알려지지 않은 작가들의 사진을 감상할 수 있다.

그러나 가장 중요한 것은 역시 헬무트 뉴튼의 작품들이다. 뉴튼의 어린 시절부터 말년까지, 다양하고 화려한 그의 활동을 전시하고 있다. 특히 뉴튼의 아틀리에가 그대로 옮겨져 있어서 흥미로우며, 개인 물품이나 의상도 전시되어 있다. 그의 아내 준 뉴튼(앨리스 스프링스라는 이름으로 활동)의 작품도 있다. 특히 헬무트 뉴튼의 유명한 시리즈들을 넓은 공간에서 오리지널 사이즈로 볼 수 있다는 점은 도록으로만 그의 사진을 보아왔던 나에게는 신선한 감동이었다.

사비니 광장 Savignyplatz

쿠담 거리를 돌아다니다 보면 유명세에 비해 실망하는 경우가 있다. 대로변에 늘어선 브랜드 가게에 열광하는 사람도 있겠지만, 그렇지 않은 사람도 있기 때문이다. 대로변에 실망하신 분에게는 쿠담 거리 북쪽의 샛길로 빠지기를 권한다. 한두 블록만 지나면 분위기가 바뀌는 것을 느낄 수 있다. 21세기 상업의 세계에 있다가 19세기 말의 낭만 소설 속으로 들어간다고 말한다면 과장일까. 그렇게 여기고 싶을 만큼 분위기가 낭만적이다. 높지 않은 건물들과 우거진 가로수 사이에 예쁜 카페와 식당들이 늘어서 있고, 소소한 가게의 작은 물건들이 눈길을 끈다. 이 지역을 특별히 지칭하기는 어렵지만, 사비니 광장 부근이라고 하면 알

사비니 광장

아든는다. 즉 대략 쿠담 거리에서 사비니 광장 사이에 위치한 지역이다.

이 지역은 1880년대에 형성되었다. 동네에 살던 유명한 법학자 프리드리히 사비니의 이름을 딴 이 광장은 네모반듯한 잔디밭으로 조성된 곳으로, 사람이 적고 고즈넉하다. 이 작은 광장은 사방 일곱 군데로 도로가 나 있어서 이 지역의 중심이 된다. 이 동네에는 큰 건물도 유명한 장소도 없지만, 이곳만의 독특한 분위기가 형성되어 있다. 유달리 예쁘고 개성적인 가게가 많다.

사비니 광장의 바로 남쪽으로 S반이 지난다. 지상 철도인 S반이 붉은 벽돌로 쌓은 축대 위를 오간다. 그래서 그 철도 밑에도 어여쁜 가게들이 많다. 어쩌면 이 철도길 아래가 이 지역의 핵심일 것이다. 이 동네에서만큼은 나도 느긋하게 즐기고 싶다. 하지만 여러분의 작은 행복을 위해서 숨은 가게 몇 곳을 일러주기로 한다. 다른 사람에게는 말하지 마시고, 혹시 마음에 들지 않는다고 해서 원망하지도 마시기 바란다. 그냥 나의 취향일 뿐이니.

뷔허보겐 암 사비니플라츠 Bücherbogen am Savignyplatz

동네 서점 정도가 아니다. 베를린에서도 보기 드물 정도로 훌륭한 서점이다. 예술 관련 서적이 많다. 특히 미술, 디자인, 패션, 사진 쪽에 귀한 책이 많아서 구경하는 것만으로도 즐겁다. 2015년에 독일 서점 상을 받았다는 문구가 붙어있다.

타셴 Taschen Store Berlin

독일의 대표적인 화집 출판사인 타셴의 베를린 지점이다. 시내에 몇 군데의 매장이 있지만, 슐뤼터 슈트라세Schlüterstraße의 이 지점만큼 구경거리가

뷔허보겐 암 사비니플라츠

많은 곳도 없다. 중후한 인테리어와 다양한 디스플레이 속에서 잠시 꿈을 꿔 볼 수 있다.

살롱 휘테 Salon Hüte & Accessoires Damensalon

젊은 부인이 혼자서 모자를 만드는 곳이다. 자신만의 개성적인 모자를 손수 열심히 만드는 모습을 볼 수 있다. 가격도 비싸지 않고 품질도 좋다. 여자 모자만 취급하는 가게이며 남자 모자의 가게는 따로 있으니 문의하면 된다.

살롱 휘테

파르품 하리 레만 Parfum Harry Lehmann

1926년에 설립되어 백 년을 내다보는 향수가게로 그들만의 제조법을 사용한다. 1958년 이곳에 문을 처음 열었던 당시의 인테리어를 유지하고 있다.

페이퍼 앤 티 Paper & Tea

친환경 방식으로 생산된 최고급 차들을 구비한 베를린 최고의 차 전문점이

페이퍼 앤 티

다. 베를린의 새로운 차 문화를 선도하는 곳으로 “당신은 커피를 드세요. 저는 제가 좋아하는 차를 마시죠You drink coffee, I drink tea my dear”라는 문구로 유명해졌다. 많은 블렌딩 차에 그들만의 재미있는 이름을 붙였다.

1900 카페 비스트로1900 Cafe Bistro

작고 귀여운 카페다. 아기자기한 인테리어에 예상 외로 케이크나 음식이 좋다. 괜찮은 아침 식사도 먹을 수 있다.

쿠헨라덴Der Kuchenladen

쇼윈도와 의자가 알록달록하고 예쁜 수제 케이크 가게다. 30여 가지의 케이크를 구비하고, 주문에 따라서 다양한 케이크도 만들어준다.

타임스 바Times Bar

부근의 사보이 호텔 안에 있는 유서 깊은 바다. 베를린에서 가장 클래식한

바로서 과거의 스타일을 간직하고 있는 진정한 레트로풍 명소다.

칼리보카CaliBocca

이탈리아 식당이지만, 사실 저녁에는 술집이라고 할 수 있다. 들어가면 세 번 놀랄 것이다. 너무 좁고 허름해서 놀라고, 음식이 나오면 맛과 분위기가 독특해서 놀라고, 계산서를 받으면 저렴해서 놀랄 것이다. 간단히 먹기에 좋다.

오타비오Ottavio

이 동네의 이탈리아 식당들 중에서 나름대로 격이 있는 식당이다. 한번 제대로 먹고 싶거나, 접대하려는 사람을 모셔가기에 적당하다.

비프 버거Beef Burger

아주 작은 즉석 수제 햄버거 가게인데 동네에서 평판이 좋다. 햄버거가 먹고 싶다면 흔한 체인점 보다는 여기가 낫지 않을까.

브라세리 라마체르Lamazère Brasserie

프랑스 식당이지만, 편하고 부담이 없으며 시골의 부엌 같은 따뜻한 분위기에서 맛있는 식사를 할 수 있다.

파리스 바Paris Bar

이름처럼 술집이 아니라 식당이다. 음식이 맛있다기보다는 역사와 분위기로 유명하다. 이 지역의 과거 분위기를 즐기기에 좋은 곳이다.

카삼발리스Cassambalis

지중해 작은 마을의 뒷골목에 온 것 같다. 이탈리아식을 바탕으로 하고 스페인과 그리스식도 가미되어 있는데, 특히 해물 요리가 유명하다.

빌리 브란트 하우스 Willy Brandt Haus

빌리 브란트는 서베를린 시장이었고 서독 총리였다. 그가 남긴 가장 중요한 업적은 동독을 인정하는 동방정책을 과감하게 펴서 독일 통일의 기반을 마련했다는 점이다. 폴란드의 유대인 희생자 기념비 앞에서 무릎을 꿇은 독일 총리의 모습이 보도된 적이 있었는데, 그가 브란트다. 그는 역대 독일 총리 중에서 가장 많은 인류애를 지닌 인물이자 지성인으로서 노벨평화상을 받기도 했다. 브란트 하우스는 그의 유언에 따라서 정치, 역사, 미술, 건축 등을 중심으로 한 생전의 관심사를 시민들에게 돌려주려는 장소다. 한쪽에서는 미술과 건축에 관한 전시회를 열고, 한쪽에서는 독일의 사회민주주의 역사를 상설 홍보하는 복합 문화공간이다.

외양부터가 범상치 않은 이 건물은 건축가 헬게 보핑거가 설계했고, 실내 로비 가운데에 서 있는 브란트의 조각상은 라이너 페팅이 만들었다. 겨우 5~6등신 정도로 만들어진 이 조각을 보면 평생 동독 사람들의 자유를 위해 헌신한 노정치가의 정신이 느껴진다. 안에는 상점과 서점도 있다. 특히 카페 겸 식당인 비스트로 빌리스Willy's는 좋은 재료를 쓴 식사로 인기가 높은 곳이다.

카페엠 본사 KPM, Königliche Porzellan-Manufaktur Berlin

유럽에는 나라나 도시마다 대표적인 도자기들이 있다. 독일이라면 보통 마이센을 떠올리지만, 카페엠은 '왕실 도자기 제작소'라는 이름 그대로 프로이센 왕국의 왕실 도자기를 뜻한다. 프리드리히 대왕에 의해 1763년에 설립된 카페엠은 왕실용 도자기를 만들어왔으며, 지금도 생산하고 있다. 이 건물은 과거에 도자기 공장이었던 곳을 세련된 방문객 센터로 개조한 것이다. 안에는 마치 박물관처럼 도자기의 제작 과정, 회사의 변천사, 주요 생산품들과 뛰어난 작품 등이 전시되어 있다. 식당과 카페도 있어서 카페엠 도자기를 직접 사용해서 식사해 볼 수 있다.

베를린 동물원Zoo, Zoologischer Garten Berlin

베를린에 가면 사람들이 "초"라고 말하는 것을 들을 수 있다. '동물원Zoo'의 독일말로서, 베를린 동물원을 줄여 부르는 것이다. 독일에서 가장 오래되고 유명한 이 동물원은 1844년 티어가르텐 서쪽에 개장했다. 1만 3,000종의 동물을 2만 마리 이상 보유하고 있어서 지금도 세계에서 가장 규모가 큰 곳으로 꼽힌다. 게다가 시내 중심에 있다는 것도 큰 장점이다. 두 시간 정도만 내면 숲이 울창한 동물원에서 산책도 하고 동식물도 즐길 수 있다.

입구가 두 군데로, 역 쪽에 '사자문'이 있고 '코끼리문'은 카이저 빌헬름 교회 방향으로 나 있다. 한쪽 문으로 들어가서 다른 문으로 나오는 것이 좋다. 인기 스타는 판다와 북극곰 등이지만, 오랑우탄이나 침팬지, 고릴라 등 대형 유인원들도 많고, 거대한 새장과 수족관도 있다. 2차 대전 때 많은 동물이 죽거나 사살되었던 뒷이야기도 있다.

가스등 야외 박물관Gaslaternen-Freilichtmuseum Berlin

티어가르텐 한쪽 모퉁이에는 과거 거리를 수놓았다가 지금은 사라진 가스등을 모아놓은 곳이 있다. 소설이나 영화에 등장하는 가로등의 실물을 보고 싶다면 가볼 수 있다. 독일의 25개 도시와 유럽 다른 나라의 11개 도시에서 사용했던 가스등의 실물 및 복제본 100개가 공원 속의 길을 따라 늘어서 있다. 입장은 무료이며 24시간 개방하지만 밤에는 위험할 수도 있다. 초저녁 불이 켜질 무렵에 여럿이서 가는 게 좋다.

티어가르텐 Tiergarten

베를린을 돌아다니다 보면 도심 속에 거대한 공원이 있는 것을 알 수 있다. 버스를 타도 택시를 타도 걸핏하면 숲이 우거진 지역을 지난다. 이곳이 티어가르텐이다. 동쪽으로는 브란덴부르크 문에서 서쪽으로는 동물원에 이른다. 원래 이 지역은 브란덴부르크 선제후의 사냥터였다가 1839년에 시민을 위한 공원으로 만들어졌다. 이 지역은 동물원을 제외하고는 빈의 프라터나 뮌헨의 영국 정원처럼 특별한 위락시설이 없이 넓은 숲으로 남겨둔 것이 특징이다.

2차 대전이 끝났을 때는 황폐화된 적도 있다. 주민들이 땔감을 위해 나무들을 무분별하게 벌채했던 것이다. 지금은 정부와 국회의 기관만이 군데군데 들어서 있다. 특히 동쪽에는 대통령과 총리 공관 그리고 의회와 연방정부의 기관들도 있다. 티어가르텐을 걸어서 다니기는 쉽지 않다. 이곳의 구석구석을 알고 싶어서 일부러 걸어 다닌 적이 있었는데, 넓은 것은 물론이고 화장실이나 상점 등 보행자를 위한 시설이 없어서 좀 힘들었다. 공원 구석구석에는 위인들, 특히 군인과 정치가들의 조각상이나 기념비가 숨어있다.

티어가르텐

티어가르텐

전승기념탑, 지게스조일레 Berliner Siegessäule

브란덴부르크 문에서 서쪽으로 티어가르텐을 가로지르면서 뻗은 대로가 '6월 17일 거리Straße des 17. Juni'다. 1953년 6월 17일에 동독 정부에 항거하기 위해 봉기한 노동자들이 소련군에 의해 무력으로 진압되었다. 이 사건을 기억하기 위해서 붙인 이름이다.

6월 17일 거리 가운데에 있는 높은 탑이 지게스조일레다. 여기에서 다섯 방향으로 도로가 뻗어있다. 지게스조일레는 고대 로마의 기둥을 연상시키는 높이 67미터의 화려한 탑인데, 맨 위에는 승리의 여신이 금박을 두르고 서 있다. 프로이센이 덴마크와 싸워서 슐레스비히 홀슈타인 지방을 빼앗았던 제2차 슐레스비히 전쟁의 승리를 기념하여 1873년에 세워진 것이다. 안에 있는 계단을 이용해 꼭대기까지 올라갈

지게스조일레

수 있다. 원래는 지금의 연방의회 의사당 앞에 있었는데, 1939년에 히틀러가 현재의 위치로 옮겼다.

카페 암 노이엔 제 Café am Neuen See

티어가르텐 깊숙이 숨어 있는 호숫가의 카페다. 베를린 시내의 비어가든 중에서 가장 환경이 좋은 곳의 하나로, 사람들이 많이 찾아온다. 도심 속의 숲에서 쉬어가기에 좋다. 아침도 좋고, 오후나 저녁도 좋다. 다만 식사의 질은 평범하다.

다스 스투에 호텔 Das Stue Hotel Berlin

티어가르텐 구석의 아주 조용한 곳에 있는 최고 수준의 호텔이다. 규모는 작지만 무척 세련된 인테리어와 최고급 서비스 그리고 정숙하고 빼어난 환경 등을 갖고 있어서 베를린의 최고급 호텔 중 하나로 꼽힌다. 원래는 덴마크 대사관이었던 건물을 개조한 것으로, 안에 있는 식당 친코Cinco는 스페인의 스타 셰프인 파코 페레스가 운영한다.

조각대로, 타우엔치엔 슈트라세 Tauentzienstraße

카이저 빌헬름 기념 교회 앞에서부터 백화점 카데베 방면으로 걷다 보면 타우엔치엔 슈트라세를 따라 거대한 조각들이 길가에 늘어서 있다. 그래서 이 거리를 '조각彫刻대로'라고 부른다. 1987년에 베를린 도시 설립 750년을 맞아 조성된 것이다. 그중 유명한 것은 강철로 된 굵은 밧줄이 꼬여 있는 구조물로서, 부부 조각가 마르틴과 브리기테 마친스키가 함께 만든 것이다. 그 외에 프랑크 도른자이프, 요제프 에르벤,

올라프 메첼, 볼프 포스텔 등의 작품들이 놓여 있어서 하나씩 찾아보는 재미가 있다.

카데베, 카우프하우스 데스 베스텐스KaDeWe, Kaufhaus des Westens

카데베 로고

베를린에 가면 으레 들러야 할 곳으로 인식된 백화점이 카데베다. 카데베라는 말은 정식 명칭인 카우프하우스 데스 베스텐스 즉 '서부西部 백화점'을 줄여 부르는 말이다. 1907년에 건축가 에밀 샤우트의 설계로 문을 열었는데, 지금 유럽에서 가장 큰 규모의 백화점이다.

카데베의 명성은 패션이 아니라 독일다운 느낌이 가득한 여러 가정용품에서 비롯된 것이다. 특히 주방용품, 식기, 가구, 장난감, 사무용품 등의 컬렉션은 그야말로 "없는 것이 없다"는 말로 유명하다. 그러나 정말로 없는 게 없다기보다는 정말 좋은 물건들이 많은 곳이다. 특히 두 개 층을 사용하는 식품부는 독일 내 최고로서, 다른 슈퍼에서는 찾아보기 어려운 식품들이 가득하다. 또한 100명이 넘는 요리사가 30개가 넘는 식품카운터를 통해 방금 조리한 좋은 음식을 판매한다. 최상층의 겨울정원도 유명하다. 1,000석의 좌석에서 다양한 요리를 먹을 수 있다. 이제 백화점을 넘어서 역사적인 장소로 꼽히는 카데베는 여전히 번영하는 독일을 상징하고 있다.

카데베

카페 아인슈타인 본점 Café Einstein Stammhaus

도시마다 각기 그 도시를 대표하는 카페들이 있다. 어디서나 보이는 같은 이름의 체인이 아니라, 그 도시만의 색채가 있는 카페는 여행자에게 도시의 정취와 공기도 나눠준다. 베를린을 대표하는 카페는 카페 아인슈타인일 것이다. 독일의 유명한 재봉틀 회사 창업자인 구스타프 로스만이 1898년에 지은 고급 빌라를 카페로 개조한 곳이다. 클래식한 인테리어와 거만한 서비스는 완전히 빈 스타일이다. 실은 오스트리아 출신인 주인이 1978년에 기존의 건물을 빈 스타일의 커피하우스로 되살려낸 것이지만, 결국 베를린의 명소로 자리 잡았다. 풍미 깊은 커피와 빈의 애플파이인 슈투르델로 유명해진 이곳은 식사도 훌륭하며 정원에서도 커피를 마실 수 있다. 베를린 시내에 몇 개의 지점을 가지고 있으며, 베를린 공항에도 지점이 있다. 물리학자 아인슈타인과는 아무 연관이 없다.

카페 아인슈타인 본점

로자 룩셈부르크 기념비 및 로자 룩셈부르크 다리 Rosa Luxemburg Denkmal & Steg

찾아가기가 쉽지 않다. 표지판도 없고 길도 좋지 않다. 보통 도시 안에 있는 유적은 안내가 잘 되어 있는 법인데, 이곳을 찾아가는 여정은 대도시 한복판에서 무슨 야생 지역을 탐험하는 것처럼 느껴졌다. 그래도 요즘은 내비게이션이 있어서 좀 수월해졌다. 덤불을 피하다가 사유지로 들어가서 다시 나오고, 길이 끊기고 막혀서 돌아간다. 마주치는 사람이 한 명도 없다. 그러다가 드디어 다리가 나타나고, 운하를 따라 겨우 다리 밑으로 다가간다. 아, 이제 확인할 필요도 없다. 누군가가 가져다 놓은 붉은 꽃이 아직 물기를 머금은 채로 누워있다. 그 앞에 긴 이름만 한 줄 붙어있다. 로자 룩셈부르크.

로자 룩셈부르크가 무참히 죽음을 당한 후에 슈프레강의 어느 운하에 버려졌고, 시신이 강에 떠올랐다는 이야기를 평전에서 읽은 적이 있었다. 그런데 어디에도 정확한 위치가 기재되어 있지 않았다. 그때부터 베를린에 관한 책을 볼 때마다 그 위치를 찾으려고 신경을 곤두세웠다. 결국 그녀가 살해당한 에덴 호텔은 사라졌다는 것을 확인했고, 운하에 그녀를 던졌던 지점을 이제야 찾은 것이다.

좁은 운하 위에 예쁘게 서 있는 초록색 철교가 주변의 숲과 어울린다. 걸어서만 건널 수 있는 이 철교 부근은 경치가 좋다. 1920년에 만들어진 이 다리의 원래 이름은 리히텐슈타인 다리였다. 그러나 룩셈부르크가 여기서 운하에 던져졌다는 사실이 밝혀지면서 2012년에 로자 룩셈부르크 다리로 개명되었다. 그 다리 아래의 산책로에는 '로자 룩셈부르크'라는 이름만 양각으로 표시된 기념비가 서 있다. 이게 다다.

뭐가 더 있을 수 있겠는가?

그녀는 공산주의자였지만, 좌우를 떠나서 압제로 가득한 세상 속에서 인간적인 나라를 세우고자 노력했다. 그리고 이곳 베를린에서 갖은 고초를 당하다가 살해당했다. 그녀는 폴란드 사람이지만 독일 사람들은 그녀의 정신을 기억하고 있다. 기념비에 적힌 날짜가 1919년 1월 15일이다. 우리나라에서 3 · 1 만세혁명이 일어나기 한 달 반 전이다. 1월의 운하는 얼마나 추웠을까? 신념을 위해서 싸웠던 여성 혁명가의 마지막과 그날의 추위를 생각하면서 발걸음을 돌린다.

로자 룩셈부르크 다리 및 기념비

로자 룩셈부르크

Rosa Luxemburg, 1871~1919

폴란드 출신의 정치이론가이자 혁명가이며 철학자다. 마르크스주의 이론가이며 반전 사회주의 단체인 스파르타쿠스단의 공동 창설자였던 그녀는 여성의 활동에 제약이 많았던 20세기 초에 활약했던 선구적인 정치가이자 혁명가였다.

유대인이었던 그녀의 가정은 자유롭고 지적이며 유복했지만, 그녀는 어려서부터 얻은 병으로 평생 다리를 절었다. 폴란드어, 러시아어, 독일어, 프랑스어를 유창하게 말하고 썼으며 영어와 이탈리아어에도 능통했던 그녀는 16세의 어린 나이에 정치에 입문했다. 이후 당국의 압박을 피해 스위스로 망명해 취리히 대학에서 공부했으며, 동지인 구스타프 뤼베크와 결혼하여 독일 국적을 얻은 뒤로는 독일을 중심으로 활동했다.

이후로 그녀는 여러 차례 투옥을 반복하며 사회주의 이론가로서 크게 활약했다. 스파르타쿠스단 기관지인 「적기赤旗」를 공동 창간한 그녀는 1919년 스파르타쿠스단의 반란을 뒤에서 지휘했지만, 1919년 1월 15일 밤에 묵고 있던 호텔에서 의용군에게 체포되어 살해되었다. 그녀의 시체는 운하 속으로 던져져서 그해 5월 31일에야 떠올랐지만 또다시 숨겨졌고, 사망 90년 만인 2009년에 베를린의 한 자선병원 지하실에서 발견되었다.

어반 네이션Urban Nation

베를린 시내를 돌아다니다 보면 유럽의 어느 도시보다도 유독 스트리트 아트 즉 길거리 미술이 많은 것을 볼 수 있다. 장벽을 위시한 많은 건물과 시설 등에 그림이 그려져 있다. 그중에는 낙서 수준의 것들도 많지만 예술적 가치가 있는 것들도 적지 않다. 베를린의 값싼 집세 때문에 몰려들었던 화가와 예술가 지망생들의 손길이다. 하지만 이제 베를린도 집세가 가파르게 상승했고, 통일 이후의 대규모 개발로 인해 길거리 미술도 점차 사라지고 있다. 그런 길거리 미술을 수집하고 보존하기 위한 단체가 어반 네이션 즉 '도시 국가'다. 스트리트 아트가 많은 뷜로 슈트라세Bülowstraße의 건물을 리노베이션하여 2017년에 개관한 스트리트 아트 전문 미술관이다. 이런 분야에 관심이 있다면 찾아갈 가치가 있다. 뷜로 슈트라세는 또한 게이 문화의 집합소이기도 하다.

어반 네이션

샤를로텐부르크 지역

베를린 도이체 오페라극장Deutsche Oper Berlin

반복해서 얘기하지만 베를린은 국제적인 수준의 오페라극장이 세 군데나 있다. 그중에서 두 개의 극장이 동베를린 지역으로 넘어가면서 냉전 시대에 서베를린의 유일한 오페라극장으로 발전한 곳이 베를린 도이체 오페라극장이다.

1911년, 당시에는 베를린이 아니었던 샤를로텐부르크에 세워진 독일 오페라극장Deutsches Opernhaus은 다음해에 문을 열었다. 이후 나치의 선전장관이었던 요제프 괴벨스는 경쟁자였던 헤르만 괴링이 밀어주던 베를린 슈타츠오퍼에 대항해서 이 극장을 지원하고 발전시켰고, 1935년에는 파울 바움가르텐이 건물을 리모델링했다. 그러나 나치의 통제가 심해지자 극장장이었던 카를 에베르트는 영국으로 망명했는데, 이때 지휘자 프리츠 슈티드리와 몇몇 성악가들도 그를 따라서 극장을 떠났다.

전쟁이 끝나자 에베르트가 다시 돌아와서 극장장을 맡았다. 그러다가 베를린이 분할되면서 베를린 슈타츠오퍼와 코미셰 오퍼가 모두 동베를린으로 넘어가자 이 극장은 서베를린의 문화적 보루가 되었다. 서

베를린 도이체 오페라극장

독 정부와 서베를린시의 전폭적인 지원 및 시민들의 호응 속에서 극장은 비약적으로 발전했다. 특히 페렌츠 프리차이, 로린 마젤, 헤수스 로페스 코보스, 크리스티안 틸레만 등 정상급 지휘자들을 세우고, 서유럽의 대표적인 성악가들을 무대에 올려서 수준 높은 공연을 보여주었다. 현재는 도널드 러니클스가 음악감독으로 있다.

이곳에서 있었던 잊을 수 없는 일은 2001년에 지휘자 주세페 시노폴리가 베르디의 『아이다』를 지휘하던 도중에 지휘대에서 쓰러져 사망한 사건이다. 의사이자 신경학자이며 인류학자이자 작곡가이기도 했던 천재의 죽음은 세계 음악계를 충격에 빠뜨렸다.

또한 2006년 모차르트의 『이도메네오』 공연 때 한스 노이엔펠스의 연출이 일으켰던 논쟁도 유명하다. 무대에 예수와 붓다와 무함마드의 절단된 머리가 등장했기 때문이다. 그러자 극장장이었던 키르스텐 하름스는 공연을 중단시켜버렸다. 그러나 그녀의 이런 조치가 더욱 물의를 일으켰고, 급기야 예술과 종교 그리고 창작의 자유와 통제에 관한 사회적인 논쟁으로 확산되었다. 결국 하름스는 극장장을 사퇴했다.

이렇듯 앞서가는 극장인 도이체 오퍼는 현대 작곡가들의 오페라를 초연하는 곳으로도 유명하여, 끊임없이 새로운 레퍼토리를 올리며 이 장르의 전위에 서 있다. 이곳에서 세계 초연된 오페라 중에서 중요한 작품 몇 편만 추려도 목록이 길다. 한스 베르너 헨체의 『젊은 대공』, 루이지 달라피콜라의 『울리세』, 볼프강 림의 『오이디푸스』, 아리베르트 라이만의 『성』, 발터 브라운펠스의 『성자 요한나』, 안드레아 로렌초 스카르타치니의 『에드워드 2세』 등이다.

로가츠키Rogacki

1928년부터 영업한 대형 식품점이다. 훈제 요리, 절임 요리, 소시지와 햄, 샐러드 등을 매장 내의 여러 주방에서 직접 만들어 판다. 식판을 들고 원하는 음식을 담아서 높은 테이블 앞에 서서 먹는 시스템이다. 많은 단골들을 가지고 있으며 주말이면 아주 혼잡하다. 그래서 바쁜 시간대에 굳이 여기서 식사하는 것은 추천하고 싶지 않다. 그럴 때는 음식을 구입해서 다른 곳에서 먹는 쪽이 좋다.

샤를로텐부르크 빌머스도르프 미술관Museum Charlottenburg-Wilmersdorf, 빌라 오펜하임Villa Oppenheim

샤를로텐부르크 궁전으로 가는 길에 있는 빌라 오펜하임은 1882년에 오토 오펜하임이 여름 저택으로 지은 건물이다. 건축가 크리스티안 하이데케가 이탈리아 르네상스 양식으로 설계했다. 2차 대전 때 파괴되었다가 복원되었고, 2012년부터 지금의 현대미술관이 되었다. 20세기 초반에 베를린 일대에서 창작된 현대미술을 중심으로 다양한 장르의 작품을 소장하고 있으며, 정기적으로 기획전도 열고 있다. 그 외에 세미나나 연구 등도 하며 자료관과 서점도 구비하고 있다.

브로트가르텐Brotgarten in Charlottenburg

통곡물로 만든 빵을 전문으로 하는 베이커리 겸 카페로서, 베를린 전체를 통틀어 손꼽힐 만큼 평이 좋은 집이다. 빵 마니아라면 놓칠 수 없는 곳으로, 30가지나 되는 통곡물 빵을 만들어 판다. 테이블도 있어서 커피나 유명한 야채수프와 함께 요기를 할 수도 있다.

샤를로텐부르크 빌머스도르프 미술관

샤를로텐부르크 궁전 Schloss Charlottenburg

샤를로텐부르크 궁전은 프리드리히 1세의 왕비였던 조피 샤를로테가 1713년에 바로크 양식으로 지었다. 손자인 프리드리히 2세가 여기 산 뒤부터 프로이센의 왕들이 거주했다. 과거에는 호박방이나 도자기방 등이 있을 정도로 호화로웠다고 한다. 1888년 프리드리히 3세가 여기서 사망한 뒤로는 왕이 살지 않았다. 2차 대전의 공습으로 인해 성은 크게 파괴되었다가 1957년에 복구되었고, 현재는 인류학적 전시물들을 선보이는 박물관이 되었다. 현재는 박물관 외에도 콘서트 등의 용도로도 사용하며, 무도장 등은 국빈 접대나 국가행사용으로 이용된다. 아름다운 정원은 시민 공원으로 활용 중이다.

베르그루엔 미술관 Berggruen Museum

샤를로텐부르크 궁전 앞에는 중요한 미술관이 세 군데 있다. 여기까지 와서 보지 않고 돌아간다면 아쉽다. 베르그루엔 미술관은 세계적인 현대미술 컬렉션 중 하나다. 미술품 수집가였던 하인츠 베르그루엔이 기증한 작품들을 소장하고 있다. 피카소, 브라크, 클레, 마티스, 자코메티, 세잔 등 근대 화가들 중에서도 최고로 꼽히는 대가들의 걸작이 있다.

현재 피카소의 작품은 100점 이상, 클레의 작품은 60여 점, 마티스의 작품은 20여 점을 보유하고 있어서 이 세 대가의 컬렉션만으로도 주요 미술관으로 꼽힌다. 2008년에 건물이 새롭게 개조되면서 더욱 우아하고 쾌적해진 전시 환경도 인상적이다. 이 미술관과 건너편에 있는 샤르프 게르슈텐베르크 미술관은 모두 예전에 샤를로텐부르크 궁전의 근위대가 사용하던 건물들이다.

하인츠 베르그루엔

Heinz Berggruen, 1914~2007

인물

하인츠 베르그루엔은 베를린의 유대인 사업가 부모 밑에서 태어났다. 나치가 집권하면서 미국으로 망명했고, 버클리 대학에서 독일문학을 전공하고 미술평론가가 되었다. 그는 신혼여행을 갔다가 한 유대인 난민이 내놓은 파울 클레의 수채화 한 점을 100달러에 구입했는데, 이것이 컬렉션의 시작이었다. 2차 대전이 끝나자 그는 샌프란시스코에 그림책과 판화를 취급하는 작은 서점을 열었다. 이후 여러 미술관의 디렉터로 성장했고, 유명한 현대미술 컬렉터가 되었다.

1995년에 그는 조국이었던 독일에 컬렉션을 기증할 의사를 내비쳤다. 이에 독일 정부는 샤를로텐부르크 궁전 맞은편 건물을 내주었다. 1997년에 대중에게 공개된 미술관은 엄청난 작품들을 담고 있었다. 나치에 의해 조국에서 내쫓긴 유대인이었던 그가 60년 만에 보물들을 안고 고향으로 돌아온 것이다. 2000년 프로이센 문화재단은 그의 컬렉션 165점(피카소 85점, 클레 60점, 마티스 20점)을 시가(지금 가치로 2조 원으로 추정)의 4분의 1로 매입했다.

그는 파리에서 살다가 사망했지만 유언에 의해 베를린에 묻혔다. 그의 아들은 "내가 아버지로부터 물려받고 싶은 것은 오직 아버지의 눈이다"라고 말했다.

샤르프 게르스텐베르크 미술관

샤르프 게르스텐베르크 미술관Sammlung Scharf-Gerstenberg

베르그루엔 미술관 앞에 또 하나의 미술관이 있다. 위에 둥근 돔형의 파빌리온이 있는 건물이 샤르프 게르스텐베르크 미술관이다. 미술품 수집가였던 오토 게르스텐베르크의 수집품과 그의 손자인 디터 샤르프의 수집품을 더해 만들어졌다.

여기에는 20세기 초의 독일 신즉물주의 작품들을 중심으로 프란시스코 고야, 막스 클링거, 막스 에른스트, 살바도르 달리, 르네 마그리트, 귀스타브 모로, 앙리 루소, 제임스 앙소르, 알베르토 자코메티, 파울 클레, 호안 미로, 에드바르트 뭉크 등의 작품들이 있다. 상징주의와 초현실주의 작품이 많은 것이 특징이다.

브뢰안 미술관Bröhan Museum

샤를로텐부르크 궁전 앞에 있는 반듯한 고전주의풍 건물이 브뢰안 미술관이다. 이곳은 1900년을 전후해 독일과 오스트리아에서 일어난 아르누보 양식의 일종인 유겐트슈틸 양식의 미술품들, 특히 베를린 분리파의 작품들을 많이 소장하고 있다.

이곳은 기업가로서 유겐트슈틸 작품들을 수집했던 카를 브뢰안의 컬렉션을 바탕으로 한다(브뢰안은 1981년에 자신의 컬렉션을 베를린시에 기증했다). 유겐트슈틸 양식의 가구, 도자기, 유리, 장식품, 그림들을 전시하고 있다. 특히 공예에 관심이 있는 사람은 둘러보기를 권한다.

브뢰안 미술관

슈투벤라우흐 슈트라세 묘지Friedhof Stubenrauchstraße

쇠네베르크 묘지Friedhof Schöneberg라고도 불리는 슈투벤라우흐 슈트라세 묘지는 1881년에 조성되었다. 여기에 예술가들이 묻히기 시작하면서 '예술가들의 공동묘지'라고 불린다. 특히 1992년에 묻힌 여배우 마를렌 디트리히와 2004년에 묻힌 사진작가 헬무트 뉴튼으로 인해 명소가 되었다. 피아니스트이자 작곡가였던 페루초 부조니, 바이올리니스트인 펠릭스 마이어와 게르하르트 타슈너 등 많은 20세기 예술가들이 묻혀 있다. 예술가들의 묘지답게 많은 묘가 예술적으로 꾸며진 것으로도 유명하다. 특히 조각가 게오르크 콜베가 만든 부조니의 묘와 발렌티노 카잘이 만든 묘들이 아름답다.

게오르크 콜베 미술관Georg Kolbe Museum

한적한 숲속에 있는 현대미술관이다. 게오르크 콜베는 20세기 초반의 독일 조각가였다. 이 미술관은 인체를 표현주의풍으로 조각한 그의

게오르크 콜베 미술관

작품들을 중심으로 20세기의 조각들을 전시하고 있어, 독특한 분위기 속에서 예술적인 감흥에 젖을 수 있다. 올림피아파크에 가까운 이 건물은 콜베의 친구이기도 했던 에른스트 렌취의 스튜디오였던 곳으로, 1928년에 지어진 현대건축물의 아름다움을 보여준다. 작품은 정원에도 전시돼 있어서 자연스럽게 산책도 할 수 있다.

올림피아파크 Olympiapark Berlin

'올림픽 공원'으로 번역할 수 있는 올림피아파크는 1936년 베를린 하계 올림픽이 열렸던 장소다. 베를린 올림픽을 선전 목적으로 이용하기로 했던 나치 정권이 지은 거대한 스포츠 단지다. 건축가는 베르너 마취였지만 콘크리트 대신 독일의 자연석만 쓰자는 아이디어는 히틀러의 것으로 엄청난 석재가 동원되었다. 디자인 역시 히틀러의 아이디어로 고대 로마제국의 것을 차용했으며, 로마와 독일의 이미지를 연결시키도록 구성되었다. 완성된 경기장은 콜로세움을 연상시키는 모

올림피아파크

습으로 6만 5,000석의 좌석을 포함해 총 12만 명을 수용하는 대규모였다. 손기정 선수가 마라톤에서 1위로 골인한 곳이 여기다.

지금은 1892년에 창단된 분데스리가 구단인 헤르타 베를린Hertha BSC의 홈구장이며, 시민들의 스포츠 센터로도 이용된다. 2006년의 독일 월드컵 결승전도 70년이나 된 이 경기장에서 치러졌다.

발트뷔네Waldbühne

영상물 제목 중에 '발트뷔네 콘서트'라는 것이 있어서 익숙해진 단어가 발트뷔네다. '숲속의 무대'라는 뜻인데, 1936년 베를린 올림픽에 즈음하여 나치의 계획으로 올림피아파크에 지어진 것이다. 선전장관 괴벨스의 기획 하에 베르너 마취가 고대 그리스의 야외극장을 모델로 삼

발트뷔네

아 자연 계곡 위에 설계했다. 게르만 문화가 그리스 문화에 닿아 있다는 국민적 자부심을 고취시키기 위한 교묘한 선전의 일환이었다. 당시 명칭은 디트리히 에카르트 프라일리히트뷔네Dietrich Eckart Freilichtbühne였다. 디트리히 에카르트는 나치의 지도자이며 프라일리히트뷔네는 야외극장이라는 말이다.

2차 대전 이후에는 2만 2,000명을 수용할 수 있는 이곳에서 여러 행사가 열렸다. 권투 경기나 영화 상영도 했고, 간혹 록 콘서트도 열렸다. 요즘은 베를린 필하모니가 매년 이곳에서 시민들을 위한 '발트뷔네 콘서트'를 열고 있어서 더욱 유명해졌다. 이 콘서트는 1992년부터 생방송으로 중계되며, 실황을 담은 영상이 매년 출시된다.

브뤼케 미술관Brücke Museum

베를린에는 미술관이 많지만, 오직 베를린에서만 만날 수 있는 색다른 미술관이 있다. 바로 브뤼케 미술관이다. 번역하면 '다리 미술관'인데, 1905년에 드레스덴에서 일어난 표현주의 운동의 기수인 다리파Die Brücke의 작품만을 전시하는 곳이다. 세계에서 유일한 다리파 미술관이다. 이 다리파에서부터 독일 미술이 세계 미술계의 전면에 나섰던 것이다.

화가 카를 슈미트 로틀루프가 자신의 수집품을 기증했고, 베를린 교외의 전원에 위치한 개인 저택을 개조하여 1967년에 개관했다. 에른스트 키르히너, 에밀 놀데, 막스 페히슈타인, 오토 뮐러, 에리히 헤켈 및 카를 슈미트 로틀루프 등의 회화와 조각 400여 점이 전시되어 있다. 중심가에서 제법 떨어진 것이 단점이지만, 미술을 좋아한다면 일부러라도 가보아야 할 장소다.

트렙토어 지역

오버바움 다리Oberbaumbrücke

베를린의 풍경 사진들을 보다 보면 두 개의 붉은 탑이 있는 모습을 가끔 볼 수 있다. 베를린의 상징 중 하나인 오버바움 다리다. 건축가 오토 슈탄이 북독일 스타일의 벽돌을 사용하여 두 개의 첨탑과 아치를 가진 2층 다리를 지었다. 1896년에 개통한 이 다리의 위층으로는 지하철(U반)이 다니고 아래층으로는 보행자와 자동차가 다니는데, 독특한 2중 상판과 붉은 벽돌이 선사하는 고딕풍의 건축미 덕에 인기 있는 다리가 되었다.

2차 대전 중에 다리는 파괴되었으며, 전쟁이 끝난 뒤에는 하필 동서 베를린의 분단 지점에 놓였다. 장벽이 놓이면서 다리를 통한 교통은 단절되었고, 다리는 베를린 분단의 상징 중 하나가 되었다가 1994년에 다시 개통되었다. 1997년에는 토르스텐 골트베르크가 만든 네온사인 작품 「가위 바위 보」가 설치되었는데, 이는 베를린으로 온 망명자와 이민자들을 상징하는 작품이다. 시간 여유가 있다면 가볼 만한 곳이다. 2층을 지붕 삼은 아래층에서는 많은 거리 예술가들이 공연을 하며, 여기서 바라보는 슈프레강와 트렙토어 공원의 모습은 또 다른 아름다움을 보여준다.

오버바움 다리

분자 인간 Molecule Man

조나단 보로프스키의 설치 작품은 이제 특별하게 느껴지지는 않는다. 우리나라에도 있고, 세계의 주요 도시에서 종종 볼 수 있기 때문이다. 하지만 베를린의 것은 다르다. 땅 위가 아닌 물 위에 있기 때문이다. 이 '분자 인간'은 슈프레강 위를 걷는 모습인데, 특히 오버바움 다리 쪽에서 석양을 배경 삼아 보면 더 멋지다. 여러 구멍이 뚫린 알루미

분자 인간

늪으로 되어 있는데, 총 세 사람이지만 보통 두 사람만 보인다. 수백 개의 구멍은 인간을 이루는 분자를 상징한다.

트렙토어 공원 Treptower Park

베를린의 도시 공원이라면 보통 티어가르텐을 떠올리지만, 또 하나의 도시 공원이 있다. 트렙토어 공원이다. 티어가르텐이 서베를린의 시

소비에트 전쟁 기념비

해방자의 동상

민공원이라면 여기는 동베를린의 시민공원이라고 할 수 있다. 티어가르텐만큼 크지는 않지만, 슈프레강을 끼고 있다는 장점이 있다. 이 공원의 터는 1896년에 산업박람회가 열렸던 자리다. 강가의 아름다운 풍광은 티어가르텐보다 뛰어나 보인다. 동독 시절에 소련에 의해 세워진 몇 개의 기념비가 있다.

소비에트 전쟁 기념비

베를린 공방전에서 전사한 8만 명의 소련 병사를 기리는 이 기념비는 소련 건축가 야코프 벨로폴스키의 작품이다. 붉은 대리석으로 만든 두 탑이 창공으로 뻗어가는 위용이 멋지며, 탑 아래 병사가 철모를 벗고 무릎을 꿇은 모습이 숙연하다.

해방자의 동상

소련의 조각가 예브게니 부체티치의 작품으로, 높이 12미터의 소련군 병사가 어린아이를 들고 있다. 이 모습은 베를린 전투에서 엄마를 잃은 독일 아이를 소련 병사가 구출했던 실화에 바탕을 두고 있으며, 작가는 아이를 조각할 때 자신의 딸을 모델로 삼았다고 한다. 이런 기념비들은 소련의 정치적 의도가 드러나는 것이 사실이어서, 영국인들은 "동독이 소련으로부터 해방되면 5분 만에 철거될 것들이다"고 혹평했다. 하지만 지금까지도 여전히 같은 자리에 서 있으니, 이제 이것들은 정치선전물을 넘어서 시대를 증언하는 역사의 유산이자 확실한 예술품의 지위를 획득한 것이다.

베를린 모더니즘 주택단지

베를린 모더니즘 주택단지Siedlungen der Berliner Moderne

2008년에 유네스코는 세계 문화유산 목록에 20세기의 아파트 단지를 등재해서 눈길을 끌었다. 바로 1913년부터 1934년까지 약 20년에 걸쳐서 베를린에 지어진 집단 주거용 아파트다. 1차 대전에서 패망한 후 베를린은 신속한 경제복구를 위해 최선을 다했다. 당시 베를린에 공장이 많았는데, 기술자와 노동자들이 정착해 그 공장들을 가동하는 것이 급선무였다. 하지만 전쟁 때 주택이 많이 파괴되면서 거주지가 부족해지자 집단 주택을 짓는 정책을 펼쳤다. 그리하여 당시에 공장들이 위치한 외곽 지역에 주택단지가 들어섰다. 긴급한 계획으로 지은 것이다 보니 날림 공사가 아니었을까 생각할 수도 있지만, 당대의 대표적인 모더니즘 건축가들에게 의뢰해 지은 이 단순하고 쾌적한 주택들은 본받을 만한 업적이다.

마르틴 바그너와 브루노 타우트가 전체 설계를 맡았으며, 건축가 공동체 '링Der Ring'의 멤버들인 발터 그로피우스, 한스 샤로운, 오토 바르트닝 및 후고 해링이 참여했다. 총 여섯 지역에 단지가 건설되었는데, 그중에서 대표적으로 알려진 곳은 북부 샤를로텐부르크에 있다. 바로 기업체 지멘스 직원들을 위한 대단지인 지멘스슈타트Siemensstadt다. 브리츠에 있는 말발굽 모양의 마을 디자인도 유명하다.

포츠담
상수시 궁전
회화 미술관
쇼펜하우어 슈트라세
쇼펜하우어 슈트라세
브란덴부르크 문
쇼펜하우어 슈트라세
브레이테 슈트라세

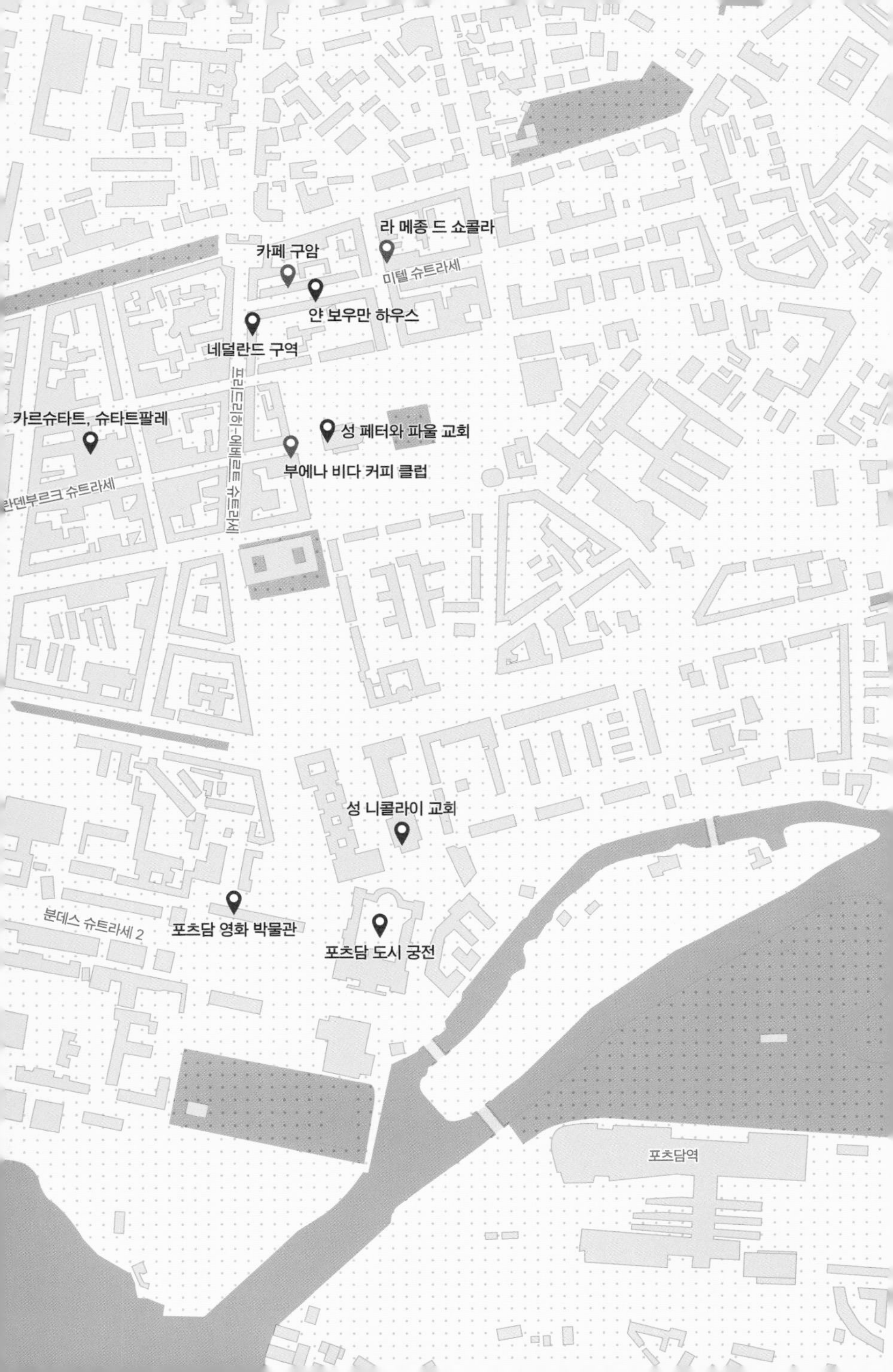

라 메종 드 쇼콜라
카페 구암
미텔 슈트라세
얀 보우만 하우스
네덜란드 구역
프리드리히-에베르트 슈트라세
카르슈타트, 슈타트팔레
성 페터와 파울 교회
부에나 비다 커피 클럽
란덴부르크 슈트라세
성 니콜라이 교회
분데스 슈트라세 2
포츠담 영화 박물관
포츠담 도시 궁전
포츠담역

포츠담

포츠담

베를린에서 당일치기로 다녀올 수 있는 도시가 베를린 남서쪽으로 불과 25킬로미터 정도 떨어진 포츠담이다. 인구 15만의 작은 도시인 포츠담은 면적의 75퍼센트가 녹지로 강과 호수가 많아 풍광이 좋다. 베를린과는 다른 고즈넉함을 즐길 수 있는 곳으로, 도시 가운데에 있는 역사적인 지역은 걸어 다니기에 좋다. 그렇지만 이 작은 도시는 브란덴부르크주州의 주도로서 나름대로 지역의 중심지다. 특히 세 개나 되는 대학을 비롯하여 학교와 연구기관이 많다. 하지만 가장 유명한 것은 포츠담 시내보다 더 많은 관광객들로 붐비는 상수시 궁전이다.

1685년에 브란덴부르크 선제후가 포츠담 칙령을 반포하면서 개신교도들에게도 종교의 자유를 보장했는데, 이로 인해 네덜란드와 프랑스에서 추방당한 위그노 교도들이 포츠담으로 대거 이주해 정착하면서 도시가 발전했다. 이어 프리드리히 대왕이 상수시 궁전을 세우고 왕족들이 이주하며 크게 번성했다. 전성기에는 포츠담의 귀족만 7,000명에 달했다고 한다.

2차 대전 때에 베를린은 연합군이 공습으로 크게 파괴되었지만, 전략적 가치가 없던 포츠담은 공습을 피해서 거의 그대로 살아남았다. 그리하여 파괴된 베를린을 대신해 이곳의 궁전에서 유명한 포츠담 회담이 열렸던 것이다. 전후에는 동독에 속했지만, 통일 이후에 다시 브란덴부르크주의 주도가 되어 새롭게 발전하기 시작했다.

포츠담 회담은 2차 대전이 끝난 후 승전국인 소련, 미국 및 영국이 1945년 7월 17일부터 15일간 포츠담의 체칠리엔호프 궁전에 모여 전후 처리 문제를 협의했던 회의다. 그때 독일의 전쟁 배상 금액, 베를린과 빈의 분할 통치 등이 협의되었다. 그리고 이 회담은 이후 동서 냉전의 씨앗이 되었다.

상수시 궁전Schloss Sanssouci

포츠담은 곧 상수시라고 알고 있는 사람들이 많을 정도로 유명한 궁전이다. 프리드리히 대왕에 의해서 1747년에 완공된 이 여름 궁전은 건축가 게오르크 폰 크노벨스도르프가 로코코 양식으로 설계했다. 상수시라는 말은 "걱정 없는, 염려 없는"에서 기원한 프랑스 말 '상 수시sans souci'에서 나온 말로서, 번잡한 정사政事로부터 벗어나서 쉬고 싶었던 프리드리히 대왕의 심정을 대변한 말이다. 물론 어디까지나 후세가 짐작하는 이야기다. 하지만 그도 왕이 아니라 교양과 예술을 좋아하는 개인으로서 여가를 즐기고 싶은 마음을 담아 이곳을 만들었을 것이다.

그런 만큼 이 궁전은 대왕의 개인적 취향을 우선으로 했고, 바로크나 로코코 건축의 원칙에 개의치 않았다. 그는 자신의 요구사항을 직접 스케치해서 건축가에게 하달했다. 그래서 이 궁전은 '프리드리히식 로코코Friderizian Rococo' 양식이라고 불리기까지 했다. 대왕은 건물을 앉힌 위치가 마음에 들지 않아 준공을 1년 앞두고 건축가를 해고하고, 네덜란드에서 온 위그노 교도 건축가 얀 보우만에게 의뢰해 나머지를 완성시켰다. 이후에도 궁전은 후대의 왕들에 의해 개축이 끊이지 않았다. 1918년 호엔촐레른 왕조가 무너질 때까지 이곳은 왕실의 인기 있는 거주지였다. 궁전은 화려하지만 단층이며 규모는 크지 않다. 나지막한 언덕의 전망 좋은 곳에 위치하며, 잘 조성된 정원이 앞에 펼쳐져 있다. 또한 넓은 대지 안에는 나중에 지어진 몇 채의 궁전이 더 있다.

내가 궁전 안에서 가장 보고 싶었던 장소는 음악실이다. 베를린 신 국립 미술관에 걸려있는 아돌프 멘첼의 그림 「상수시 궁전의 음악회」 때문이다. 은은한 촛불 속에서 직접 플루트를 부는 프리드리히 대왕의 모습이 신기하게 느껴졌었다. 이 궁전의 음악실은 그 그림이 그려진 방으로서, 정치가이자 군인이기 이전에 예술가였던 대왕이 아꼈던 방이다.

도서관 역시 대왕의 취향이 반영되었다. 왕의 침실에서 비밀 통로를 통해서 접근할 수 있는 공간이다. 화려하지만 작고 조용한 원형 도서관은 독서와 집필에 이상적이며, 삼나무로 만든 책장과 벽은 우아하다. 2,100권의 엄선된 장서는 그리스 로마 시대의 고전과 볼테르를 중심으로 한 17~18세기 프랑스 계몽주의 서적들로 이루어져서 대왕의 계몽군주적인 관심을 보여준다.

상수시 궁전 도서관

상수시 궁전

궁전 서쪽에는 대왕이 사적으로 초대했던 친구들을 위한 객실이 있는데, 방들은 친구들의 이름을 따고 있다. 왕의 친구 로텐부르크 백작의 이름을 딴 로텐부르크 방은 도서관과 대칭 위치에 있는 원형의 방이다. 볼테르 방은 꽃장식이 화려해서 꽃의 방으로도 불린다. 계몽사상가 볼테르는 그를 좋아했던 왕의 초청으로 여기 오래 묵었다.

궁전 앞에는 계단식 정원이 펼쳐져 있다. 대왕이 지시하여 포도밭으로 개간했던 곳이다. 아래의 대지에는 바로크식 정원이 조성되어 있다. 분수에서 조각까지 베르사유 궁전을 모방해 놓았다. 이어서 넓은 과수원이 펼쳐진다. 바로크 정원의 돌계단을 올라가면 오랑주리가 있다. 그 안에는 독일에서는 보기 드문 열대식물들이 많다. 천천히 즐길 만한 곳이다.

회화 미술관Bildergalerie

상수시 궁전의 동쪽에 있는 이곳은 예전에 황실 갤러리로 쓰던 곳이다. 프리드리히 대왕이 수집한 그림들이 전시되어 있다. 그는 르네상스와 바로크 시대의 역사화들을 선호했는데, 그 덕에 이탈리아와 플랑드르의 대가들 즉 렘브란트, 루벤스, 반 다이크 등을 볼 수 있다. 또한 대왕이 총애했던 화가인 장 앙투안 와토의 그림들도 벽을 장식하고 있다. 전쟁이 끝나자 궁전을 점령한 소련군은 여기 있던 많은 그림들을 소련으로 가져갔다. 그 후 몇 차례에 걸쳐 반환되었지만, 아직 러시아에 있는 그림이 많다고 한다.

신 궁전

신 궁전 Neues Palais

상수시 궁전의 정원 서쪽 끝에 있는 거대한 궁전이 신 궁전이다. 이 궁전은 7년 전쟁에서 승리한 프리드리히 대왕이 1769년에 지은 것으로, 프로이센의 마지막 바로크 건물이다. 프리드리히 대왕이 손님을 위한 영빈관으로 세운 것이다. 하지만 나중에 빌헬름 2세는 이곳을 자신의 거주지로 사용했다.

카를 폰 곤타르트 등이 설계한 신 궁전은 상수시와는 비교할 수 없을 만큼 크고 거대하다. 전면의 좌우 길이가 220미터에 3개의 날개부를 가지고 있으며, 높이가 55미터에 달하는 중앙의 돔은 위용을 자랑한다. 궁전의 주요 부분은 박물관으로 쓰이면서 개방되어 있으며, 그

프리드리히 대왕

Friedrich II, 1740~1786

인물

프리드리히 대왕이라는 별호로 불리는 프리드리히 2세는 중세 군주의 미덕이었던 군대 지휘와 전쟁 수행은 물론 국정 경영에도 빼어났으며, 다양한 미덕을 함께 갖추어서 독일 역사상 손꼽히는 지도자다. 그의 아버지 프리드리히 빌헬름 1세는 그에게 예술이나 학문을 금지시켰지만, 아들을 문화인으로 키우고팠던 어머니 덕에 그는 음악, 문학, 철학, 미술 등에 깊은 조예를 갖게 되었다.

그러나 막상 왕위에 오르자 그는 군사 분야에서 크게 성공했다. 오스트리아와의 전쟁을 승리로 이끌어 프로이센이 범독일권의 맹주가 되도록 만든 것이다. 또한 외교와 내정에도 뛰어났던 그는 프로이센을 강국으로 다듬었다. 그는 종교에 대해 관용정책을 펴고, 백성들에게 보통교육을 실시하고, 빈민을 구제하며, 재판에서 고문을 폐지하고, 성문헌법을 제정하는 등 근대국가의 토대를 놓았다. 그는 이런 업적을 통해 '프리드리히 대왕Friedrich der Große'이라는 칭호를 얻었다. 이후 프로이센은 그의 성취를 바탕 삼아 결국 독일의 통일을 달성하게 된다.

전쟁과 정복 끝에 평화를 얻은 프리드리히 2세는 포츠담에 상수시 궁전을 짓고 기거하며 안락한 생활을 만끽했다. 서신 왕래나 저술 활동을 즐겼고, 음악가들을 불러 플루트를 연주하기도 했다.

외 대부분의 공간은 포츠담 대학에서 사용하고 있다. 상수시 궁전과는 달리 바로크 양식을 구현한 이 궁전에는 200개의 방과 네 개의 연회장이 있다. 또한 왕과 왕자, 공주 및 친구들을 위한 아파트들도 있다. 아름다운 로코코 양식으로 꾸며진 자그마한 궁정 극장도 있다. 이 극장에는 귀빈석이 따로 없다. 이는 프리드리히 대왕의 계몽주의적인 사상을 보여주는 특징으로, 공연 때 왕은 3층 일반석에 앉았다고 한다.

신 궁전의 본관 건너 마주 보는 곳에는 많은 기둥들이 돋보이는 파빌리온이 있는데, 개선문이라고 불린다. 158개의 열주들이 늘어서 있으며 높이는 24미터이고 가운데에는 아치형 문이 있다. 화려함을 더해주는 바로크 양식의 장식용 건축물이다.

샤를로텐호프 궁전Schloss Charlottenhof

상수시 정원의 남쪽에는 샤를로텐호프 궁전이 있다. 프리드리히 빌헬름 3세는 정원 남쪽 부지를 아들 프리드리히 빌헬름 왕세자에게 선물했다. 이에 왕세자는 프리드리히 폰 쉰켈에게 의뢰해 건물을 개조시켰다. 쉰켈은 제자인 루드비히 페르시우스와 함께 고대 로마풍의 고전주의 양식을 지닌 별궁을 지었다. 왕세자는 프리드리히 대왕을 본받아 자신도 직접 스케치를 하며 건축에 참여했다. 궁전의 명칭은 한때의 주인이었던 마리아 샤를로테 폰 겐츠코브의 이름에서 따 왔다.

체칠리엔호프 궁전Schloss Cecilienhof

포츠담 시내의 동북쪽 전원 속에 체칠리엔호프 궁전이 있다. 궁전이라는 이름과 달리 마치 큰 농가처럼 보인다. 1917년에 파울 슐체 나움부르크가 주변에 있는 호수 등의 경치에 어울리게 일부러 영국의 전원 저택처럼 설계한 것이다. 이곳은 호엔촐레른 왕가가 지은 마지막 궁전으로, 독일 황제 빌헬름 2세가 황태자 부부를 위해서 지은 것이다. 성이 완공되자 체칠리에 황태자비는 임신한 몸으로 이사해 딸을 출산했다. 황태자 부부는 독일 제국이 멸망한 이후에도 이곳에서 살았으며, 1945년에 소련군이 들어올 때에야 떠났다. 이후 포츠담 회담이 여기서 열리면서 이 궁전은 유명해졌다.

겉은 시골풍이나 안은 화려하며 규모도 상당하다. 본관의 큰 방은 포츠담 회담의 중앙회의장으로 쓰인 곳이다. 방들은 각국 수뇌들의 취향에 맞춰 특별히 인테리어를 한 것으로, 스탈린의 방, 처칠의 방 등이 흥미롭다. 회담 이후 성은 호텔로 사용되기도 했고, 브란덴부르크 주정부가 종종 회의나 행사 때 이곳을 이용하기도 했다. 최근에 공사를 거쳐 다시 호텔로 재개장했다.

브란덴부르크 문Brandenburger Tor

루이제 광장Luisenplatz에 있는 브란덴부르크 문은 이름만 보면 베를린의 브란덴부르크 문과 닮았을 것 같지만, 실제로는 파리의 개선문을 축소한 듯하다. 건축가 카를 폰 곤타르트와 그의 제자인 게오르크 크리스티안 웅거의 설계로, 로마에 있는 콘스탄티누스 황제 개선문을 모방하여 1771년에 세워졌다. 이 문에서부터 동쪽으로 브란덴부르크 슈트라세가 뻗어있다. 원래는 성벽으로 둘러싸인 포츠담 시내로 들어가던 서쪽 관문이었는데, 1900년에 성벽을 부수어 이제는 문만 남았다.

브란덴부르크 슈트라세 Brandenburger Straße

브란덴부르크 슈트라세는 포츠담 시내의 중심 거리이자 도심의 유일한 쇼핑가다. 서쪽 끝으로는 브란덴부르크 문이 있고 동쪽으로는 성 페터(베드로)와 파울(바울) 교회에 닿는다. 보행자 전용도로로 깨끗하고 넓은 길을 마음껏 걸으면서 가게들을 즐길 수 있다.

브란덴부르크 슈트라세

카르슈타트, 슈타트팔레 Karstadt, Stadtpalais

브란덴부르크 슈트라세에서 만나는 가장 큰 건물이다. 백화점이겠거니 하고 지나칠 수 있지만, 건축물로서도 가치가 높은 곳이다. 1905년에 지어진 아르누보 양식의 멋진 건물이다. 동독 시대에는 여러 용도로 사용되다가 2005년에 카르슈타트 백화점이 인수해 개장했다. 건물은 아르누보풍의 외관을 유지하고 있으며 안에 있는 독특한 아트리움도 지금까지 보존돼 있다.

성 페터와 파울 교회 Katholische Kirche St. Peter und Paul in Potsdam

브란덴부르크 슈트라세가 끝나는 곳에 나타난다. 높은 탑이 있는 붉은 건물이 성 페터와 파울 교회다. 1738년에 이 터에 처음 교회가 세워졌고, 현재의 건물은 1870년에 완공되었다. 이탈리아 베로나의 성 제노 교회를 본떠서 지었다는 높이 64미터의 종탑이 인상적이다.

부에나 비다 커피 클럽 Buena Vida Coffee Club

성 페터와 파울 교회 앞에 있는 소박한 카페다. 젊고 수줍은 주인이 열심히 커피를 만든다. 과자들은 가져다 파는 것이지만, 커피는 제법 맛있다. 커피를 마시면서 창을 통해 교회의 종탑과 나무들을 볼 수 있다. 집기마다 옥색玉色을 사용한 것이 귀엽다.

네덜란드 구역 Holländisches Viertel

성 페터와 파울 교회를 돌아서 북쪽으로 가면 붉은 벽돌 건물들의 거리가 나타난다. 이곳은 네덜란드풍의 건물 134채가 모여 있는 '네덜

부에나 비다 커피 클럽

란드 구역'이다. 건물들은 1730년대에 세워진 것으로, 모두 네덜란드 건축가 얀 보우만의 설계다. 네덜란드에서 박해받던 위그노 교도들이 포츠담으로 이주했을 때, 그들의 정착을 위해서 왕명으로 네덜란드식 마을을 건설한 것이다. 네덜란드 이외의 유럽 지역 중에서는 이런 양식이 가장 잘 보존된 곳이다. 이 독특한 분위기를 살린 카페, 식당 및 가게들이 많아서 사람들이 즐겨 찾는다.

얀 보우만 하우스Jan Bouman Haus

얀 보우만 하우스는 네덜란드 정착민 및 네덜란드 구역의 역사에 관한 박물관이다. 이 지역을 설계한 보우만을 비롯하여 네덜란드 이주자들의 역사와 문화를 전시한다. 네덜란드 양식의 건축과 그들의 생활상을 볼 수 있다.

네덜란드 구역

라 메종 드 쇼콜라 La Maison du Chocolat

프랑스풍의 과자를 중심으로 하는 카페다. 이름처럼 초콜릿만을 파는 곳은 아니고, 초콜릿을 베이스로 한 케이크 등도 취급한다. 모두 맛있다. 아침 식사도 가능하다.

카페 구암 Cafe Guam

네덜란드 구역의 붉은 벽돌 건물들 사이에 있는 작은 카페다. 소박하고 편안한 분위기가 여행자를 잠시 숨 돌리게 해 준다. 커피도 맛있지만 치즈케이크가 특히 유명하다.

포츠담 도시 궁전 Stadtschloss Potsdam

프리드리히 대왕은 포츠담 시내에도 궁전을 지었다. 1752년에 지어진 이 궁전은 규모가 대단하다. 안드레아스 슐뤼터가 바로크 양식으로 설계했지만, 프리드리히 로코코 양식의 내부는 게오르크 폰 크노벨스도르프가 디자인했다. 포츠담역에서 구도심으로 가는 도중에 나타나는 분홍색의 거대한 건물이다.

내부에는 여러 채의 아파트와 극장, 콘서트홀, 무도장 등의 시설들을 갖추고 있으며 모두 화려한 인테리어로 장식되어 있다. 하지만 2차 대전 중에 영국군의 폭격으로 피해를 입었으며, 동독 정부는 봉건시대의 잔재라며 그 잔해를 1960년에 철거했다. 철거한 궁전의 파편들은 주변의 공원 조성에 사용되었다. 그러다가 통일 후인 2006년부터 파편들을 수거하고 조사 및 복원을 시작해서 2014년에 재건되었다. 현재는 브란덴부르크 주의회 의사당으로 사용하고 있다.

포츠담 영화 박물관Filmmuseum Potsdam

포츠담은 독일 영화의 중심지였다. 세계에서 가장 오래된 영화촬영소인 바벨스베르크 스튜디오Studios Babelsberg가 있었으며, 많은 영화가 촬영된 곳이기도 하다. 현재의 건물은 과거 도시 궁전의 마구간이었던 곳으로, 2차 대전의 폭격에서 살아남은 건물이다. 동독 정부는 1981년에 이곳을 개조하여 영화 박물관으로 개관했다.

과거 바벨스베르크 스튜디오에 관한 것들을 중심으로 영화에 관련된 여러 가지를 보여준다. 특히 촬영장비의 컬렉션이 대단하다. 다만 독일 영화에 관한 것만을 전시하기 때문에 독일 영화에 익숙하지 않은 사람은 지루할 수도 있다. 안에는 영화관도 있는데, 거기에는 시네마 오르간이 있어서 연주를 들어볼 수도 있다.

포츠담 영화 박물관

성 니콜라이 교회

성 니콜라이 교회 St. Nikolaikirche

도시 궁전 뒤에 있는 큰 건물이 성 니콜라이 교회다. 프리드리히 대왕의 명을 받은 카를 프리드리히 쉰켈이 런던의 세인트 폴 대성당을 참고로 설계하여 1837년에 착공했다. 쉰켈은 이 교회의 완공을 보지 못하고 세상을 떠났으며, 교회는 1850년에 완성되었다. 독일 고전주의 건축의 명작으로 평가받는 이 교회는 독일에서 아름다운 교회 중의 하나로 손꼽힌다. 2차 대전 때 파괴되었다가 1981년에 복구되었다. 설치된 오르간도 유명해서 오르간 콘서트도 자주 열린다.

플럭서스 플러스 미술관 Museum Fluxus +

2008년에 포츠담에 생긴 현대미술관이다. 이름처럼 포스트모더니즘 플럭서스 운동에 참여한 예술가들의 작품을 모은 곳이다. 플럭서

스란 기존 관념을 넘어 미술과 연극, 음악, 문학 등 서로 다른 장르를 연결하고 융합시킨 예술 운동이다. 플럭서스의 대표적 작가인 백남준을 위시하여, 볼프 포스텔, 에멧 윌리엄스, 벤 패터슨 등 1960년대 플럭서스 작가들의 작품을 전시한다. 포츠담 같은 역사적인 도시에서 신선함을 만날 수 있다.

글리니커 다리Glienicker Brücke 및 글리니커 호수Glienicker See

스티븐 스필버그 감독의 영화 「스파이 브릿지」에서 미국과 소련의 인질을 교환하는 장소가 바로 이곳이다. 이 다리가 포츠담과 베를린의 경계인 하펠강에 놓여 있기 때문이다. 1907년에 만들어진 아름다운 철교로서, 주변의 강 및 글리니커 호수와 어우러져 멋진 풍경을 만든다.

당시 동서독의 경계에 있었던 이 다리에서는 영화에 나온 1962년의 스파이 교환 외에도 여러 인물의 교환이 비밀리에 이루어져서 '스파이 브릿지Bridge of Spies'라는 별명이 붙었다. 요즘은 영화 덕분에 적지 않은 사람들이 일부러 찾아온다.

글리니커 다리

「스파이 브릿지」

「Bridge of Spies」

영화

글리니커 다리에서 실제로 있었던 스파이 교환 사건을 다룬 영화다. 흔히 첩보 영화로만 알려져 있지만 그보다 많은 것을 보여주는 명작이다. 거장 스티븐 스필버그 감독의 당당하면서도 세심한 터치가 돋보인다.

미국에서 활약하던 소련의 고위 스파이인 아벨 대령이 체포된다. 유명 변호사 도노반은 반공을 기치로 내세우던 매카시즘이 기승을 떨치던 시대에 아벨의 변호를 맡아서 국민의 공분을 산다. 그러나 그는 법치국가의 변호인으로서 신념을 지키면서 피고를 위해서 최선을 다한다. 그러던 중에 미국의 공군 조종사 파워스 중위가 소련 상공에서 첩보 촬영을 하던 중에 추락하여 체포된다. 이에 소련은 두 스파이를 교환하자는 의사를 보내오고, 첩보행위를 인정할 수 없어서 직접 나서기 곤란한 미국 정부를 대신해 민간인 신분의 도노반이 포로 교환 협상에 나선다. 이제 무대는 협상이 진행되는 베를린으로 옮겨지고, 전후 10여 년이 지난 베를린의 상황이 자세하게 드러난다.

높은 완성도를 선보인 이 영화는 비평가들에게 큰 찬사를 받았다. 당시의 베를린을 알아두기에 무척 도움이 되는 참고 자료이지만, 영화 자체도 무척 재미있는 작품이다.

글리니커 호수

베를린의 호텔

브란덴부르크 문과 운터 덴 린덴 지역

아들론 호텔
Hotel Adlon Kempinski Berlin

1907년에 개장했을 때부터 베를린 최고의 호텔을 지향하는 곳이다. 의사당 앞이라는 위치 때문에 여전히 정치가와 명사들이 줄을 서는데, 투숙객 명단에는 록펠러, 포드, 아인슈타인 등이 있다. 전쟁 때에 파괴되었다가 1997년에 다시 개장했다. 대형 호텔인데다가 뒤편으로 두 개 동이 더 이어지며, 장기 체류자를 위한 레지던스도 있다. 그래서 로비는 항상 사람들로 만원이라서 그리 쾌적하지는 않다. 하지만 객실은 넓다. 브란덴부르크 문 지역이나 운터 덴 린덴 등을 여행하기에는 아주 좋은 위치로서, 현재는 켐핀스키 호텔 체인이다. 이 호텔의 시그니처 레스토랑인 '로렌츠 아들론 에스침머'는 여전히 베를린의 대표적인 식당이며, 그 외에 두 개의 식당이 더 있다. 5성급.

리젠트 호텔
Regent Hotel

젠다르멘 마르크트 북쪽에 있는 고급 호텔로서, 이른바 비판적 재건축 양식으로 지어진 건물이다. 1996년에 개장할 때는 포 시즌스의 체인이었지만 현재는 포모사 그룹 소속이다. 미국의 디자이너 프랭크 니콜슨이 디자인한 실내는 클래식한 분위기로 격조가 넘친다. 객실이 넓으며 많은 객실에 발코니가 있는 것이 특징이다. 젠다르멘 마르크트의 분위기를 즐기기에 좋으며, 관광에도 편리한 위치다. 레스토랑인 '샤를로트 앤 프리츠'는 여전히 베를린 최고의 식당 중 하나이며, 1층의 티 앤 로비 라운지는 애프터눈 티를 즐길 수 있는 최고의 장소다. 5성급.

소피텔 젠다르멘 마르크트
Sofitel Hotel Berlin Gendarmenmarkt

젠다르멘 마르크트에 면한 고급 호텔이다. 현대식 인테리어로서 단순하면서도 편리하게 디자인돼 있다. 베를린 관광을 하기에 아주 뛰어난 위치이며, 편의성이 뛰어나서 비즈니스 등의 여러 가지 목적으로 오기에도 좋다. 5성급.

웨스틴 그랜드 호텔
The Westin Grand Berlin

프리드리히 슈트라세에 있는 대형 호텔이다. 호텔도 크고 방도 크다. 객실이 많아서 조식 시간에는 종종 붐빈다. 위치가 좋아서 관광을 하기에 편리하다. 그러나 북미나 아시아 등 다른 지역의 웨스틴 그랜드만큼 럭셔리하지는 않다. 5성급.

클리퍼 시티 홈
Clipper City Home Berlin

운터 덴 린덴 뒤의 베렌 슈트라세에 있다. 위치가 아주 좋은 아파트형 호텔이다. 취사가 필요하거나 집처럼 장기 투숙을 원하는 사람에게 특히 좋다. 비교적 깨끗하고 시설도 깔끔하다. 3성급.

힐튼 호텔
Hilton Berlin

독일 돔 뒤편에 있는 호텔로서, 젠다르멘 마르크트를 즐기기에 좋다. 방이 비교적 좁지만, 위치가 편리하며 관광하기에도 좋다. 시설은 편리한 편이지만, 너무 커서 사람들이 많아 혼잡한 것이 흠이다. 영화 「스파이 브릿지」에서 톰 행크스가 아메리칸 브렉퍼스트를 주문했던 힐튼은 과거 서베를린에 있던 곳으로 지금은 사라졌다. 4~5성급.

호텔 드 롬
Hotel De Rome

조용한 베벨 광장에 있는 이 곳은 역사적인 장소이자 우아하고 격조 있는 고급 호텔이다. 원래 드레스덴 은행 건물이었기에 은행이 가진 중량감과 세련됨이 그대로 남아있다. 새로 만든 멋진 인테리어는 토마소 지퍼의 디자인이다. 방이 상당히 넓고 주변이 조용한 것이 장점이다. 지하의 수영장과 스파는 과거 이 자리가 금괴를 보관하는 금고였음을 상기시켜주는 인테리어로 꾸며져 있다. 베를린 국립 오페라극장이나 박물관 섬 등을 여행하기에 아주 좋은 위치다. 옥상의 라운지에서 보는 전망은 아주 멋지다. 5성급.

타이타닉 젠다르멘 마르크트
Titanic Gendarmenmarkt Hotel

성 헤드비히 대성당 뒤편에 숨어있다시피 한 아주 좋은 호텔이다. 빼어난 위치에 좋은 방을 가졌지만, 대로에서 보이지 않아서 조용하고 관광객이 적다. 비교적 저렴한 가격으로 고급 호텔 수준의 안락함을 누릴 수 있다. 방도 넓고 시설도 현대적이다. 4성급.

아르코텔 존 F 베를린
Arcotal John F Berlin

프리드리히스베르더 교회 부근에 있는 호텔로서, 이렇게 좋은 지역에서 이만큼 깨끗하고 쾌적하며 상대적으로 경제적인 호텔도 드물다. 높은 층은 전망이 좋고, 식당도 비교적 쾌적하다. 4성급.

포츠담 광장 부근

리츠 칼튼
The Ritz Carlton

포츠담 광장 개발 프로젝트로 개장한 새로운 호텔들 중에서 가장 좋다고 할 수 있다. 방들은 넓고 조용하다. 아침 식사를 하는 식당이 뛰어나서 아침부터 다양하고 훌륭한 음식을 맛볼 수 있는 곳으로 정평이 높다. 동베를린 지역과 서베를린 지역의 중앙에 있어서 양편을 모두 관광하기에 좋은 위치다. 아침에 티어가르텐 인근을 산책하기에도 좋다. 5성급.

메리어트 호텔
Berlin Marriott Hotel

리츠 칼튼의 바로 옆에 있어서 좋은 입지가 선사하는 편리함을 누리면서도 좀 더 저렴하게 묵을 수 있는 곳이다. 깨끗하고 편리하며 방을 비롯한 모든 공간이 넓다. 4~5성급.

그랜드 하얏트 베를린
Grand Hyatt Berlin

포츠담 광장 지역 맨 남쪽의 낮은 건물 안에 있다. 렌초 피아노의 설계로서, 장식적인 요소가 배제된 모습은 그만의 독특하고 세련된 면모를 보여준다. 그렇다보니 포근하기보다는 차가울 수 있는 느낌이 싫을 수도 있다. 각층의 로비마다 한국 조각가 이재효의 작품이 설치되어 있다. 1층의 식당 '폭스'는 세련된 분위기를 지닌 좋은 식당으로. 필하모니가 가까워서 공연 후에 음악가들이 많이 찾는다. 5성급.

만달라
The Mandala

포츠담 광장에 위치한 독특한 호텔이다. 방들은 넓고, 부엌을 갖춘 방들이 많아서 취사를 할 수도 있다. 마치 아파트처럼 친근한 분위기에 위치도 아주 좋아서 관광을 다니기에 편리하다. 특히 식당 '파실'은 아주 세련된 프랑스 요리를 중심으로 하는 뛰어난 식당이다. 4~5성급.

쿠담 지역

월도프 아스토리아 호텔
Waldorf Astoria Berlin

쿠담 지역에서는 보기 드문 최신식 고급 호텔이다. 쿠담 지역에서 가장 높은 32층의 호텔로서, 대부분의 객실 전망이 아주 좋다. 특히 티어가르텐이 보이는 방향은 가슴이 탁 트인다. 최신 호텔이면서도 인테리어가 전위적인 느낌을 피하고 분위기가 난잡하지 않아서 편안한 기분을 가질 수 있다. '로카'는 이탈리아 요리를 중심으로 하는 좋은 식당이며, 무척 멋진 라이브러리 라운지에서는 애프터눈 티를 마시기 좋다. 5성급.

다스 슈투에
Das Stue Hotel Berlin

티어가르텐 구석의 스페인 대사관 옆, 아주 조용한 곳에 있는 최고 수준의 호텔이다. 규모는 작지만 세련된 인테리어와 최고급 서비스 그리고 조용하고 빼어난 환경 등으로 인해 최고급 호텔이라 해도 손색이 없다. 스페인 요리를 중심으로 하는 이곳의 식당 '친코' 역시 베를린 최고의 식당 중 하나다. 5성급.

페스타나 베를린 티어가르텐
Pestana Berlin Tiergarten

쿠담 지역의 한국 대사관 옆에 있다. 조용하고 쾌적하다. 비록 규모는 작지만 수영장이나 스파 등을 완비하고 있다. 호사스럽지는 않지만 필요한 것은 다 갖춘, 현대적이고 편리한 호텔이다. 바로 뒤에 있는 티어가르텐의 숲길을 즐길 수 있으며, 티어가르텐이 보이는 객실은 전망이 좋다. 4성급.

브리스톨 베를린
Hotel Bristol Berlin

베를린이 분단되었던 시절에 서베를린을 대표하던 최고의 호텔은 켐핀스키였다. 그 호텔의 명성을 듣고 찾는다면, 바로 이곳이다. 카라얀이 베를린에서 생활할 때는 집을 구입하는 대신에 여기서 집처럼 묵기도 했다. 그런 역사적인 호텔이지만 지금은 매각되어 이름도 바뀌었고, 과거의 영화는 찾아볼 수 없다. 하지만 지금도 여전히 과거의 향수를 그리워하는 오래된 단골들이 찾는 곳이기도 하다. 1층의 카페 '라인하르츠'는 유서 깊은 카페로서 과거의 분위기가 남아있다. 4성급.

호텔 사보이
Hotel Savoy Berlin

사비니 광장 근처의 사보이 호텔은 지금은 과거의 흔적을 만나고 싶을 때나 찾는 곳이지만, 과거에는 아주 저명했던 호텔이다. 1929년에 개장한 이 호텔은 여전히 과거의 빈티지 인테리어를 유지하고 있다. 마리아 칼라스, 로미 슈나이더, 그레타 가르보 등이 묵었던 곳으로 유명하다. 헬무트 뉴튼, 토마스 만, 헨리 밀러 등도 이곳의 단골이었다. 그런 향취를 위해서 찾는다면 추천한다. 1층에 있는 역사적인 '타임스 바'는 이 호텔의 과거 분위기를 즐길 수 있는 레트로풍 카페인데, 투숙을 하지 않고도 이용할 수 있다. 4성급.

햄튼 바이 힐튼 베를린 시티 웨스트
Hampton by Hilton Berlin City West

쿠담 지역에는 낡은 호텔이 많은데, 그중에서 깨끗하고 새로운 호텔로는 이곳을 꼽을 수 있다. 힐튼에서 운영하는 저렴한 체인이다. 작고 소박하지만 나름대로 편리하며 비교적 관리가 잘 되어 있다. 이 지역에서 깨끗하고 현대적인 호텔을 찾는다면 우선적으로 추천한다. 3성급.

호텔 초 베를린
Hotel Zoo Berlin

겉으로는 낡고 초라한 건물이지만, 막상 들어가면 놀라운 감각의 디자인을 만날 수 있어서 당황스러울 정도다. 오래된 건물 내부를 리노베이션한 좋은 예라고 할 수 있다. 방은 편하고 안정적인 분위기가 넘친다. 안에 있는 식당 '그레이스'도 평이 좋다. 4성급.

호텔 암 슈타인플라츠
Hotel am Steinplatz

동물원 부근에 있는 아주 깨끗하고 우아한 호텔이다. 규모는 작지만 요소요소에 세심한 신경을 썼다. 오토그라프 컬렉션의 체인이다. 4~5성급.

호텔 루이자스 플레이스
Hotel Louisa´s Place

쿠담 거리에 있는 전통적인 호텔이다. 건물과 인테리어가 조금 낡기도 했지만, 꾸준히 수

리하고 관리하여 상태는 좋다. 무엇보다도 편안한 집 같은 분위기가 특징이다. 쿠담에 볼 일이 있을 때에 머물기 좋다. 4성급.

서 사비니 호텔
Sir Savigny Hotel

사비니 광장에서 가까운 호텔이다. 밖은 평범하지만, 내부는 정갈하고 나름대로의 분위기가 있다. 사비니 광장 지역을 둘러보기에는 최고의 위치다. 3~4성급.

25아워즈 호텔 비키니
25hours Hotel Bikini Berlin

빌헬름 카이저 교회 앞에 있는 대형 복합 건물인 '비키니'에 들어선 디자인 호텔이다. 객실에 걸려 있는 해먹에 누워서 티어가르텐의 숲과 동물원을 내려다볼 수 있어서 유명해졌다(물론 모든 방에 해먹이 있는 것은 아니다). 알록달록한 팝아트풍 디자인을 좋아하는 젊은 취향을 가진 분들에게 추천한다. 단, 동물원이 보이는 방이어야 이 호텔을 선택한 보람이 있을 것이다. 3~4성급.

막스 브라운 호텔
Max Brown Ku'Damm

쿠담에서 좀 떨어진 곳에 있는 호텔이다. 하얗고 단순한 외관을 지니고 있다. 약간 좁지만 깔끔한 객실은 기분을 좋게 한다. 혼자서 묵는다면 더욱 추천한다. 3성급.

프렌츨라우어 베르크 지역

슈타이겐베르거 호텔 암 칸츨러암트
Steigenberger Hotel Am Kanzleramt

중앙역 옆에 새로 생긴 깨끗하고 현대적인 호텔이다. 위치가 관광지와는 조금 거리가 있지만, 중앙역이 가까워서 베를린 인근 주요 도시로의 접근이 용이하다. 또한 주변은 한적하고 조용하며, 시설도 좋고 쾌적하다. 4성급.

타이타닉 쇼제 호텔
Hotel Titanic Chausse

아주 깨끗하고 산뜻하며 현대적인 호텔이다. 비즈니스호텔을 표방하면서도 디자인에 신경을 써서 부티크 호텔 같은 면모도 있다. 다소 불편한 위치만 감수한다면 저렴하고 편리해서 좋다. 4성급.

호니크몬트 호텔
Hotel Honigmond

마치 19세기 낭만소설 속으로 들어간 듯한, 아주 클래식한 분위기의 호텔이다. 작고 오래됐지만 예쁜 빈티지 가구와 클래식한 장식으로 그런 단점을 커버하고 있다. 이런 분위기에서 며칠을 보내다 보면 정말 유럽 속에서 사는 것 같은 기분이 든다. 3성급.

가든 리빙 호텔
Garden Living Hotel

시내에 이런 장소가 있을까 싶을 정도로 시골스럽고 고풍스런 호텔이다. 이름처럼 입구부터 초록의 화분이 가득하여 시골에 머무르는 듯한 기분이 든다. 오래된 인테리어와 가구들이지만 깨끗하며 관리 상태가 좋다. 예쁜 안마당이 있는데, 이런 분위기를 좋아하는 분들에게 권한다. 3성급.

그렌츠팔 호텔
Hotel Grenzfall

베를린 장벽 공원 건너편에 있는 기능적인 호텔이다. 특별한 장식은 없고 숙박만 하기에는 괜찮다. 조용한 안마당이 있으며 저렴하다. 3성급.

아우구스트 슈트라세와 알렉산더 광장 부근

호텔 마니
Hotel MANI by AMANO Group

아우구스트 슈트라세의 갤러리 지역에 있다. 재미있고 매력적인 작은 호텔이다. 지역의 정체성을 보여주듯이 마치 어떤 전위미술의 전시장에 들어와 있는 기분이 든다. 이 지역에서도 디자인적 요소가 가장 강렬한 부티크 호텔의 하나다. 작지만 베를린이라는 분위기가 물씬 느껴진다. 3~4성급.

호텔 아마노
Hotel Amano

아우구스트 슈트라세의 갤러리 지역에 있는 편리하고 저렴한 호텔이다. 이 지역에 일이 있거나 갤러리를 많이 돌아볼 예정이라면, 호텔 마니와 함께 가장 먼저 추천하고 싶은 곳이다. 3성급.

서커스 호텔
The Circus

아우구스트 슈트라세 지역에 있는 작은 호텔. 방도 작지만 나름 귀엽게 장식되어 있다. 보다 저렴하고 기능적인 방을 원하는 분에게 추천한다. 3성급.

바인마이스터 베를린 미테
The Weinmeister Berlin-Mitte

아우구스트 슈트라세에 위치한 호텔이다. 이 지역의 다른 호텔에 비해서 방이 넓은 편이고 깨끗하다. 3~4성급.

악셀하우스 & 블루 홈
Hotel Ackselhaus & Blue home Berlin

120년이 된 건물을 개조하여 진정으로 아름다운 도심 속 휴식처를 만든 곳이다. 부티크 호텔이란 이런 것이라고 보여주듯이 신경을 많이 쓴 내부는 독일이 아니라 지중해의 어느 곳에 와 있는 듯하다. 한 건물에 두 호텔이 들어있는 것처럼 구성돼 있다. 이 지역에서 가장 멋진 호텔의 하나다. 4성급.

룩스 일레븐
Lux Eleven Berlin-Mitte

알렉산더 광장 부근에 있는 저렴하고 깨끗한 호텔이다. 인테리어는 새것이고 디자인적인 감각도 조금 있는 곳이다. 방도 넓은 편이다. 3성급.

운터 덴 린덴 부근

로렌츠 아들론 에스침머
Lorenz Adlon Esszimmer

오랫동안 명성을 누려온 식당으로, 아들론 호텔의 대표 식당이다. 브란덴부르크 문이 내려다보이는 서재 같은 분위기 속에서 즐기는 정찬은 무척 인상적이지만 그만큼 비싸다. 하지만 경험을 위해서라면 말리지는 않겠다. 프랑스와 이탈리아 음식을 바탕으로 한다. 다만 식사 시간이 상당히 오래 걸릴 것을 각오해야 한다. 모든 것이 최고 수준인데, 더욱 좋은 점은 이런 종류의 식당들이 흔히 빠지기 쉬운 속물적인 분위기가 덜하다는 점이다.

스라 부아
Sra Bua by Tim Raue

독일의 동방정책과 더불어 독일 주요 도시의 고급 호텔에서는 한때 아시아 식당을 여는 것이 유행이었다. 그중에서 지금도 여전히 잘 유지되고 있는 곳의 하나다. 그들의 아시아식이라는 것이 우리의 양식처럼 이 나라 저 나라 섞인 게 많아서 혼란스럽기도 하지만, 그 역시 또 하나의 '독일-아시아식'이라고 생각하면 받아들이기 어렵지 않다. 일본, 중국, 타이 등의 요리를 섞은 것이지만, 신선한 생선과 흰 밥은 여행자의 향수를 달래준다. 비교적 고급이다.

쿠키스 크림
Cookies Cream

코미셰 오퍼 옆에 있는 채식 전문 식당이다. 채식임에도 불구하고 뛰어난 요리 솜씨로 채식인지 알 수 없을 정도의 멋진 요리들을 선보인다. 건물은 과거 동베를린 시대의 낡은 인테리어를 그대로 보여주고 있어서, 그런 분위기에서 식사하는 것 역시 특별한 경험이다.

카페 아인슈타인
Café Einstein Unter den Linden

운터 덴 린덴 거리의 대표적인 카페다. 커피도 맛있고 디저트도 좋다. 하지만 식사도 질이 좋아서, 간단하게 먹기 위해서라면 어지간한 식당보다 좋은 음식을 먹을 수 있다.

르 포폴레르
Le Populaire Restaurant

도이체 방크 쿤스트할레가 있는 건물인 팔레 포퓰레르(Palais Polulaire) 안에 있는 식당 겸 카페다. 이런 미술관 내 식당 중에는 좋은 곳들이 많지만, 특히 이곳은 음식이나 서비스가 훌륭하며 가격도 비싸지 않다. 쿤스트할레를 둘러보지 않더라도 베벨 광장 등 부근에 온 김에 와서 쉬거나 요기를 하기에 좋은 곳이다. 분위기도 좋고, 브레이크 타임이 없어서 아무 때고 와서 차만 마시며 쉬어도 무방하다. 물론 전시가 있으면 봐야 할 것이다.

아우스턴방크
Austernbank

이름처럼 과거의 은행 건물이다. 베를린 할인 은행이 있던 건물의 지하에 있다. 과거 은행의 금고 자리에서 식사를 하면서 독특한 분위기를 즐길 수 있다. 해물 전문 식당으로서, 인테리어는 뉴욕 그랜드 센트럴 역에 있는 오이스터 바를 본뜬 것이다. 음식도 오이스터 바처럼 굴요리가 대표 메뉴다. 하지만 모든 종류의 해물 요리가 다 뛰어나며, 음식과 분위기 모두 훌륭하다.

라 방카
La Banca

호텔 드 롬 안에 있는 식당이다. 이 건물이 원래 드레스덴 은행이었기에 붙여진 식당 이름이다. 은행의 로비였던 탓에 높은 층고의 장엄한 실내가 식사 분위기를 한껏 돋운다. 이탈리아식을 표방하고 있지만, 파스타가 가능한 것 외에는 인터내셔널이라고 부르는 게 맞을 정도로 국제적인 요리를 만든다. 음식은 세련되고 좋은 편이다. 여름에는 작지만 멋진 정원에서도 먹을 수 있다.

칩스
Chipps

성 헤드비히 성당 뒤편의 외무부 앞에 있는 현대식 식당인데, 길에서 1층 식당의 내부가 훤히 보인다. 아침부터 점심까지만 하는 곳으로서, 인근 관공서의 세련된 직장인들과 관리들이 애호하는 일종의 아침밥 집이다. 음식은 뛰어나고 세련되었으며, 재료가 신선하고 훌륭하다. 양이 많아서 접시 하나만 가지고도 한 끼로 충분하다.

보카 디 바코
Bocca di Bacco

독일에 왔다고 굳이 독일 음식만 고집할 필요는 없다. 베를린에는 훌륭한 이탈리아 식당과 프랑스 식당들이 많다. 중심가인 프리드리히 슈트라세 한복판에 있는 이곳은 화려한 겉모습에 비해서 그리 비싸지 않게 식사할 수 있는 이탈리아 식당이다. 전통적인 이탈리아 요리를 잘하는데, 특히 리소토와 파스타가 뛰어나며 이탈리아 와인 컬렉션도 좋은 편이다. 점심 세트는 간편하고 저렴하다.

일 푼토
Il Punto

프리드리히 슈트라세의 뒷골목에 자리 잡은 이탈리안 식당이다. 화려하지는 않지만 정통 이탈리아 음식을 먹을 수 있다. 특히 파스타와 새우 요리 등이 유명한데, 가격도 저렴하고 맛도 괜찮다. 다만 모든 메뉴가 다 맛있는 것은 아니니 잘 골라야 하는 단점은 있다.

젠키치
Zenkichi

프리드리히 슈트라세의 일식당으로서, 인테리어는 물론이고 음식까지 정통 일본식을 제대로 보여준다. 유럽 전역을 통틀어서도 손꼽을 수 있을 만큼 뛰어난 고급 일식당이다. 저녁만 하며 가격은 제법 비싸다.

아키토
Akito

프리드리히 슈트라세의 뒤편 골목에 있는 작은 일식당이다. 고급인 젠키치와는 정반대의 포지션에 있는 간단한 일식당이다. 정말로 밥이 먹고 싶을 때에 들어가면 좋을 것이다. 초밥이 주 메뉴인데, 유럽식 롤이 대부분이지만 비교적 우리 입맛에도 맞고 가격도 저렴하다.

샤를로트 앤 프리츠
Charlotte & Fritz

리젠트 호텔의 식당으로서 처음 문을 열 때부터 상당히 유명했다. 이름도 주인도 셰프도 몇 번이나 바뀌었지만, 고급 식당들의 부침이 심한 편인 베를린에서 여전히 높은 명성을 유지하고 있다. 프랑스 음식을 바탕으로 한 정통 고급 요리를 선보인다.

티 앤 로비 라운지
Tea & Lobby Lounge

리젠트 호텔의 1층에 있는 영국식 티하우스다. 정식 식당에 가기에는 부담스러울 때, 간단한 점심이나 식사 때를 놓친 오후에, 애프터눈 티 혹은 샌드위치나 케이크로 간단히 요기를 하려고 할 때에 아주 좋은 장소다. 클래식한 분위기는 최고다.

젠다르메리
Gendarmerie

젠다르멘 마르크트에서 눈에 띄는 대형 식당으로서, 지나가다가 들어갈까 말까 머뭇거리게 되는 곳이다. 결론은 큰 기대는 하지 마시라는 것이다. 배를 채우기에는 적당하다. 딱 베를린 시내의 중간 정도의 음식이다. 전통적인 독일 음식을 파는데, 메뉴를 잘 고르는 것이 중요하다. 비싼 술만 시키지 않는다면 가격도 저렴하다. 높은 천장의 고풍스런 분위기에서 식사해 보는 것도 좋은 경험이 될 것이다.

보르하르트
Borchardt

젠다르멘 마르크트에 있다. 독일 음식을 바탕으로 하지만 다른 나라의 스타일이 가미되어 있다. 높은 천장과 그리스의 코린트식 기둥들이 웅장한 느낌을 안겨준다. 그 분위기 속에서 나름 편안하게 음식을 먹는 경험을 해 보는 것도 나쁘지 않다.

루터 운트 베그너
Lutter & Wegner Weinhandlung

1811년부터 와인을 다루는 가게로 명성이 있었던 집이다. 원래 가게는 포츠담 광장에 있었는데, 현재 그곳은 다임러 현대미술관으로 바뀌었다. 그래서 젠다르멘 광장으로 옮겨 1997년에 문을 열었다. 저렴하게 와인을 즐기고 싶다면 괜찮은 곳으로, 음식은 다 맛있지는 않지만 슈니첼 등은 평가가 높다. 건물 자체도 역사적인 곳이다. 작가 E.T.A. 호프만이 1815년부터 1822년까지 이 건물에서 살았다고 한다. 이를 기록한 현판이 붙어있다.

팀 라우에
Restaurant Tim Raue

찰리 검문소 주위의 허름한 동네에 살짝 숨어 있는 요리계의 강자다. 북유럽과 프랑스, 아시아를 결합시킨 크로스오버 요리를 제공한다. 뛰어난 감각이 알려져서 오바마 미국 대통령의 국빈 방문 때에 요리를 맡기도 했다.

그릴 로열
Grill Royal

베를린에서 제대로 된 본격적인 스테이크를 먹고 싶을 때에 추천할 수 있는 집이다. 프리드리히 슈트라세에서 북쪽으로 가서 프리드리히 슈트라세역 너머 슈프레강을 지나면 바로 강가에 있다. 강과 다리가 보이는 좋은 분위기와 서비스 속에서 질 좋은 스테이크를 즐길 수 있다. 채소나 다른 사이드 메뉴들도 뛰어나다.

알렉산더 광장 부근

더 그랜드
The Grand

알렉산더 광장 부근의 스테이크 전문점이다. 관광객을 상대로 하는 식당도 많고, 좋은 식당을 찾기 힘든 이 지역에서 드물게 괜찮은 곳이다. 물론 스테이크가 가장 대표적이지만, 그 외에도 맛있는 음식들이 많다. 특히 샐러드도 좋고, 해물이나 채소를 구운 것들도 좋다.

파울리 잘
Pauly Saal

아우구스트 슈트라세에 있는 고급 식당이다. 과거에 유대인 여학교의 체육관이었던 건물을 개조하였는데, 당시의 체육관 이름을 상호로 사용하고 있다. 하지만 아주 세련된 인테리어로 2차 대전 이전의 분위기를 재현하고 있다. 높은 천장과 무라노 글라스 샹들리에, 그리고 여기에 더해진 전위적인 미사일 장식 등은 일상 밖의 신선한 기분을 안겨준다. 스타 요리사 아르네 앙커는 창의력이 넘치는 요리를 보여 준다.

알 콘타디노 소토 레 스텔레
Al Contadino Sotto Le Stelle

아우구스트 슈트라세에 있는 좋은 이탈리안 식당이다. 작아서 비좁게 식사를 해야 하지만, 이탈리아적인 흥취를 내는 데에는 도리어 도움이 된다. 격식이 없고 저렴하며 소박한 이탈리아 가정식으로서, 다양한 파스타와 고기, 생선들을 다 잘 먹을 수 있다. 이 식당의 긴 이름은 "별 아래의 농부에게"란 뜻이다.

비노 에 리브리
Vino e Libri

'와인과 책'이라는 이름을 가진 이탈리아 식당이다. 특히 이곳은 이탈리아식 중에서도 드물게 맛있고 건강하며 친환경적인 샤르데니아 음식을 전문으로 한다. 맛도 좋고 분위기도 좋다.

달루마
Daluma

베를린의 대표적인 채식 식당이다. 다양한 토핑을 직접 선택할 수 있는 샐러드 볼이 인기가 높은데, 한 끼 식사로도 충분할 정도다. 테이크아웃도 가능하며 앉아서 먹을 수도 있다. 다만 좌석이 편하지는 않다.

모그
Mogg

양념한 얇은 쇠고기를 양파와 함께 빵에 끼워서 먹는 샌드위치를 파스트라미라고 하는데, 이것으로 유명해진 작은 가게다. 아마 한국 사람이라면 열광하거나 아니면 뱉거나 둘 중 하나일 것이다.

시오리
Shiori

아우구스트 슈트라세 지역의 아주 작은 일식당으로, 마니아 사이에서 인기가 좋다. 카운터에 앉아서 먹어야 하지만, 그 품질은 가격에 비해 (혹은 기대보다) 낫다.

바르코미스 델리
Barcomi's Deli

'베이킹의 여왕'이라고도 불리었던 신시아 바르코미가 차린 이곳은 인근에서 유명한 빵집이다. 하지만 빵 외에 아침 식사도 훌륭하며, 특히 수프나 샐러드가 좋다.

디스트릭트 커피
Distrikt Coffee

커피집이지만, 여기서 소개하는 이유는 아침 식사 때문이다. 아침으로 먹기 좋지만 아무 카페에서나 제공하지는 않는 팬케이크나 베네딕트 등을 잘 만든다.

콥스
Kopps

상당히 유명한 비건 식당이다. 100퍼센트 비건 음식만 제공하므로, 달걀도 우유도 일절 사용하지 않는다. 식물성 가짜 고기도 사용해서 의외로 메뉴도 다양하다. 헐리우드의 유명 연예인들도 베를린에 오면 일부러 찾는 곳이다.

코코 반 미 델리
CoCo Bánh mì Deli

허름하지만 맛있는 베트남 식당이다. 쌀국수 같은 것도 하지만, 베트남식과 프랑스식을 섞은 독특한 바게트 샌드위치로 유명해졌다. 한번 먹어볼 만하다.

추어 레츠텐 인스탄츠
Zur Letzten Instanz

붉은 시청 뒤편에 있는 이곳은 베를린에서 가장 오래되었다는 맥줏집의 하나다. 1621년부터 시작했다고 하는데, 지금의 건물은 전후에 복구한 것이다. 마요르카 타일로 만든 난로는 나폴레옹이 베를린에 왔을 때 앉았던 것이라고 한다. 막심 고리키도 왔었으며, 자크 시라크 프랑스 대통령도 국빈방문 때에 슈뢰더 총리와 함께 여기서 식사를 했다. 이 식당의 유명한 음식은 전통적인 아이스바인 학세인데, 그 외에도 소시지 등 모든 독일 음식이 다 괜찮다.

추어 게리히트슐라우베
Zur Gerichtslaube

니콜라이 지구의 대표적인 식당이다. 앞에 정원이 있는 전형적인 독일식 비어가든 스타일인데, 이런 종류의 식당들 중에서는 식사의 질이 잘 유지되고 있다. 독일의 전통적인 요리 대부분이 다 가능하다.

춤 누스바움
Zum Nußbaum

니콜라이 지구에 있다. 오래된 외관을 유지하는 전통적인 식당이다. 최소한 300년 이상 된 건물에서 전통적인 베를린 서민 스타일의 식사를 맛볼 수 있다.

아 마노
Ristorante a Mano

알렉산더 광장에서 좀 떨어져 있는, 카를 마르크스 알레에 있는 이탈리아 식당이다. 스탈린 시대의 대형 건물들이 늘어선 이 거리에서 믿을 만한 이탈리아 식당이다. 들어가는 순간 이탈리아의 어느 도시에 온 듯이 왁자지껄한 분위기가 마음과 위장을 무장해제 시킨다. 한번 먹어보자 하는 기분이 든다. 음식이 아주 뛰어난 것은 아니지만 나무랄 데도 없다. 즐겁게 이탈리아 음식을 즐길 수 있는 장소여서 지역 주민들이 많이 찾는다.

카페 안나 블루메
Café Anna Blume

콜비츠 광장 뒤편에 있는 인기 카페다. 케이크와 음식이 모두 맛있다. 특히 아침 식사가 맛있어서 일부러 찾는 사람들이 있다.

프렌츨라우어 베르크 지역

루츠
Rutz

이 지역에서 뛰어나고 훌륭한 식당으로 꼽힌다. 분위기는 소박해 보일 수 있겠지만, 음식은 결코 그렇지 않다. 상당한 수준의 요리를 선보이는 곳이다. 한때 미슐랭 가이드의 별 2개 정도를 유지해왔던 곳으로, 그만큼 가격도 상당히 비싸다.

카츠 오렌지
Katz Orange

장벽 공원 부근의 뒷골목에 숨어있는 멋진 장소다. 오래된 건물과 그 안마당을 이용한 분위기 있는 식당으로, 요리도 그만큼이나 흥미롭고 뛰어나다. 지중해 음식과 독일 음식을 바탕으로 하는 창작 요리를 내놓는다. 어느 하나 신선하고 맛있지 않은 것이 없다. 특히 저녁의 야외 테이블에서 먹는 만찬은 운치가 넘친다.

반돌 수르 메르
Bandol sur mer

아주 창의적이고 매혹적인 프랑스 식당이다. 어느 하나 특별한 비주얼을 담지 않은 것이 없을 정도로 멋지고 맛있는 요리를 자랑한다. 작지만 나름 단골들이 많은 유명한 곳이다.

라 본 프랑케트
Brasserie la bonne franquette

얼핏 보면, 보잘것없는 동네에 있는, 보잘것없는 외양을 지닌, 보잘것없는 식당이다. 메뉴도 평범해서 이렇다 할 것은 없다. 하지만 평범한 요리 하나하나에 정성을 다한, 진정한 동네 밥집이다.

니탄 타이
Nithan Thai

베를린 전역을 통틀어 가장 인기 있는 동남아시아 식당의 하나라고 할 수 있다. 타이 음식을 고급스럽게 업그레이드한 것이라 가격이 그리 저렴하지는 않다. 하지만 오늘도 베를린의 아시아 음식 마니아들이 계속 찾고 있다.

노이몬트
Neumond

구석에 자리 잡은 평범한 식당이지만, 현지인들의 사랑을 받는 사랑방 같은 곳이다. 화려하고 격식을 갖춘 요리보다는 한두 개의 접시로 때우고 싶을 때에 유용한 곳이다.

코르도
Cordo

작고 평범한 식당으로서 어쩌면 카페나 술집과 같은 분위기인데, 의외로 음식이 좋다. 간단히 식사하기에 좋다.

시안
Si An

베트남 음식을 먹고 싶을 때 추천한다. 베를린에서 가장 베트남 음식을 잘하는 곳이다. 음식을 사다가 앞에 있는 노천의 벤치에서 먹는 소박하고 캐주얼한 식당이지만, 이런 분위기가 도리어 베트남 음식에 어울리지 않을까.

콘디토라이 부흐발트
Kodditorei Buchwald

160년의 역사를 가진 이곳은 바움쿠헨으로 유명한 과자점이다. 대부분의 과자들이 다 맛있다. 하지만 아침에 식사를 하기에도 좋고, 간단한 점심을 위해 이용할 수도 있다.

포츠담 광장 부근

파칠
Facil

만달라 호텔에 있는 식당이다. 먼저 상차림이 아주 예뻐서 눈길을 사로잡는다. 꽃으로 둘러싸인 분위기도 좋지만, 음식도 그 이상으로 뛰어나다. 제대로 된 만찬을 한번 즐겨보자는 생각으로 충분한 시간을 낼 수 있을 때 가는 것이 좋다.

폭스
VOX

그랜드 하얏트 호텔 안에 있는 식당이다. 프랑스 요리를 바탕으로 다국적 스타일이 가미되어 있다. 고급 호텔에 있지만 아주 비싼 곳은 아니다. 격식을 많이 갖춘 식당들에 비하면 그렇게 화려하지 않은 장소로, 가격 대비 내용이 뛰어난 식사를 할 수 있다. 가까이에 필하모니가 있어서, 공연이 끝난 뒤에 식사하는 연주가들을 종종 만나게 되는 곳이기도 하다.

골베트
Golvet

쿨투르포룸에 자리 잡은 고급 식당이다. 넓은 창문을 통해 쿨투르포룸을 바라볼 수 있어서 분위기가 시원하다. 디자인이 뛰어난 실내에서 상차림이 훌륭한 식사를 접할 수 있다. 저녁에만 한다.

쿠담 지역

브라세리 라마체르
Lamazère Brasserie

우리는 프랑스 식당이면 고급이라는 선입관을 가지고 있다. 물론 어느 정도 맞는 말이다. 하지만 프랑스 사람이라고 마냥 고급으로만 먹지는 않을 것이니, 그들에게도 일상적인 밥집은 있다. 그러나 프랑스가 아닌 나라에서 그런 식당을 찾기는 쉽지 않다. 브라세리라고 이름이 붙은 곳들이 그런 대중 식당에 가깝다는 것을 알아두면 참고가 된다. 사비니 광장 부근에 있는 이곳 역시 편하고 부담이 없다. 시골의 부엌 같은 분위기에서 맛있는 식사를 할 수 있는 대표적인 브라세리다.

벨몽도
Belmondo

동물원 근처에 있는 프랑스 식당이다. 라마체르처럼 귀엽지는 않고 규모가 제법 크다. 대형 단체 식당 같은 분위기도 있다. 하지만 음식은 뛰어나며 프랑스 시골풍의 가정식이라고 할 수 있다. 다양한 형태의 프랑스 메뉴를 많이 보유하고 있으며, 역시 다양한 프랑스 와인을 갖추고 있다.

르 파우부르
Le Faubourg

세련된 정통 프랑스 레스토랑이다. 현대적인 분위기에서 세련된 식사를 제공받을 수 있다. 분위기는 현대적이지만 프랑스 정찬의 분위기를 고수하는 음식은 꽤 보수적이다. 오랜 단골들이 많다.

라인하르츠
Reinhard's

쿠담 거리의 브리스톨 호텔 1층에 있는 카페로, 예로부터 쿠담을 대표하는 사랑방이었다. 지금은 많이 쇠락했지만 그래도 아직 이 거리의 터줏대감이다. 어지간한 식사는 다 제공한다.

문학의 집 안의 카페 빈터가르텐
Café Wintergarten im Literaturhaus Berlin

파자넨 슈트라세의 문학의 집 안에 있는 이 카페는 분위기만 좋은 게 아니라 식사도 괜찮다. 특별히 식당을 정해놓지 않았다면 온 김에 식사를 하고 일어서는 것도 좋을 것이다.

파리 바
Paris Bar

이름은 술집 같지만 식당이다. 음식이 맛있다기보다는 역사와 분위기로 유명한 곳이다. 벽과 천장을 장식한 그림과 액자들이 눈에 들어온다. 간혹 썩 만족스럽지 않은 음식이 있긴 하지만, 함께 즐겁게 떠들고 먹고 마시며 과거 베를린의 분위기를 즐기기에 좋은 곳이다.

브라세리 르 파리
Brasserie Le Paris

쿠담 거리에 있는 소박한 프랑스 식당이다. 화려하지도 않고 격식을 차리지도 않아서 부담 없이 식사할 수 있다. 가격도 합리적이며, 재료의 본질적인 맛을 낸다. '파리 바'와 상호를 혼동하지 말아야 한다.

카삼발리스
Cassambalis

사비니 광장 부근에 있는 좋은 식당이다. 이탈리아식을 바탕으로 스페인이나 그리스식을 가미했다. 특히 해물 요리를 잘하며 다양한 전채요리를 아주 신선하게 제공한다. 지중해 어느 해변 마을의 뒷골목에 온 듯한 편안한 분위기 속에서 한 끼를 먹을 수 있다.

그레이스
Grace

호텔 초 안에 있는 식당 겸 바다. 얼핏 평범해 보이지만 수준급의 식사를 제공하는 곳이다. 바를 겸하고 있기 때문에 술손님과 맞닥뜨리면 분위기가 산만해질 수도 있다. 그러나 음식은 좋고, 고색창연한 레트로풍 인테리어와 가구도 좋다.

듀크
Duke

쿠담 거리의 뛰어난 프랑스 식당이다. 앞에 소개한 여러 브라세리와는 달리 격식을 갖춘 정통 레스토랑이다. 고전적인 요리를 중심으로 하면서도 늘 새로운 경향에도 민감한 곳이다.

그로스츠
Grosz

100년이 넘은 고색창연한 건물에 있는 식당으로, 마치 1차 대전 직전의 베를린을 그린 영화 속에 들어와 있는 것 같은 인테리어다. 그러나 이 식당이 문을 연 해는 2012년이다. 서비스는 격조가 있으며 음식도 괜찮은 수준에 있다.

누스바우메린
Die Nußbaumerin

쿠담 지역에 있는 오스트리아 식당이다. 좁고 작은 곳이지만, 빈의 자허 호텔을 연상시키는 인테리어로 꾸며져서 빈에 와 있는 듯한 분위기를 자아낸다. 베를린에서는 흔치 않은 메뉴인 슈니첼, 타펠슈피츠, 삶은 송아지 등 오스트리아의 전통 음식을 먹을 수 있다.

오텐탈
Ottenthal

사비니 광장 부근의 오스트리아 식당이다. 누스바우메린보다는 분위기가 밝고 더 넓다. 다양한 정통 오스트리아 음식을 제공한다.

칼리보카
CaliBocca

이탈리아 식당이지만 저녁에는 술집과 같은 분위기다. 여기서는 세 번 놀랄 것이다. 너무 좁고 허름해서 놀라고, 음식이 나오면 맛과 분위기가 독특해서 놀라고, 계산서를 받으면 저렴해서 놀랄 것이다. 간단히 먹기에 좋다.

오타비오
Ottaavio

사비니 광장 부근의 이탈리아 식당 중에서 나름 격이 있는 식당이다. 한번 제대로 먹고 싶거나, 접대가 필요할 때 적당하다.

비프 버거
Beef Burger

아주 작은 즉석 수제 햄버거 가게인데 동네에서 평판이 좋은 곳이다. 갑자기 햄버거가 먹고 싶다면 흔한 체인점보다는 여기가 낫지 않을까.

콜레트 팀 라우에
Brasserie Colette Tim Raue

쿠담 거리의 프랑스 식당이다. 브라세리인 만큼 캐주얼하고 카페 같은 분위기지만, 음식들은 깊이가 있고 보다 본격적이다.

만치니
Cafe Restaurant Manzini

쿠담 거리 뒤편에 있는 소박하고 작은 식당이다. 이 지역에서 오랫동안 아침 식사를 제공해 온 곳으로 유명하다. 아침에 토스트와 달걀 요리를 즐기러 오는 사람들이 줄을 잇는다. 이 부근에서 묵는다면 한번쯤 그들과 함께 아침을 즐기는 것도 좋겠다.

빅 윈도우
Big Window

작지만 나름 고기 마니아 단골층을 거느린 스테이크 레스토랑이다. 오직 질 좋은 고기로 승부한다. 외관을 장식한 빨간색 창살과 채양이 이 식당의 트레이드마크다. 작고 좁고 허름하지만, 60년대 스타일의 분위기를 지금까지 유지하는 곳이다.

네니
Neni

전망이 좋은 곳에 자리 잡은 지중해식 식당으로, 창밖에 펼쳐진 티어가르텐의 풍경은 날씨가 좋을 때는 지중해 같은 분위기를 선사한다. 흔히 생각하는 이탈리아나 스페인 위주의 지중해식을 넘어서, 레바논, 모로코, 터키의 스타일이 가미된 매력적인 요리를 편안한 분위기에서 즐길 수 있다. 아침 식사도 가능하다.

카데베
KaDeWe

카데베 백화점의 6층에는 베를린 전역을 통틀어 가장 거대하고 품질이 좋은 음식을 먹을 수 있는 대형 식품부가 있다. 100명이 넘는 요리사가 30개가 넘는 식품카운터를 통해 방금 조리한 좋은 음식을 판매한다. 이곳에 있는 빈터가르텐(겨울 정원)은 멋진 인테리어로도 유명하다. 1,000석의 넓은 좌석에서 스페인의 이베리코, 프랑스의 부야베스, 일본의 스시, 이탈리아의 피자 등 세계의 다양한 요리를 맛볼 수 있다. 가격이 싸지는 않다.

파나마
Panama

독특한 창작 요리를 내는 트렌디한 식당으로, 카츠 오렌지를 열어 성공한 주인이 새로 연 식당이다. 항상 그 계절에 맞는 식재료를 이용하여 상상력을 폭발시킨 요리를 제공한다. 미식가라면 도전할 가치가 있는 곳이다. 평범한 외양이지만 가격은 평범하지 않다.

카페 아인슈타인
Café Einstein Stammhaus

베를린에서 가장 대표적인 카페 중 하나인 이곳은 커피나 디저트뿐만 아니라 음식도 잘 만든다. 빈 스타일의 카페이기 때문에 좋은 오스트리아 음식들을 만날 수 있다. 특히 수프와 샐러드가 우리 입맛에 맞을 것이다.

친코 바이 파코 페레스
Cinco by Paco Pérez

티어가르텐 구석의 고급 호텔인 '다스 슈투에' 안에 있는 시그니처 식당이다. 스페인의 전설적인 식당 미라마르의 스타 셰프 파코 페레스가 셰프로 있는 곳이다. 페레스는 고향에 있는 미라마르 외에도 유럽 전체에 대여섯 곳의 식당을 운영하는데, 그중에서도 이 식당은 바르셀로나에 개설한 식당과 함께 가장 중요한 곳으로 꼽힌다. 대단히 세련된 인테리어 속에서 멋진 스페인 요리를 즐길 수 있다. 당연히 아주 비싸며 서빙이 아주 오래 걸리는 것도 각오해야 한다.

가는 방법

베를린
Berlin

우리나라에서 베를린으로 바로 가는 직항 비행기는 없다. 유럽의 허브 공항에서 환승을 해야 갈 수 있다. 베를린으로 가는 편이 많은 공항은 같은 독일인 프랑크푸르트와 뮌헨으로, 보통 이 두 곳을 경유하여 간다. 또는 유럽의 다른 도시에서도 갈 수 있다.

항공 베를린은 테겔 국제공항과 쇠네펠트 공항의 2개 공항이 있는데, 거의 테겔 국제공항을 사용한다. 2020~2021년에 완공 예정인 빌리 브란트 신공항(Flughafen Berlin Brandenburg Willy Brandt)이 개항되면 테겔과 쇠네펠트 공항은 폐쇄될 예정이다.
유럽의 여러 주요 공항에서 베를린까지의 비행시간은 1시간에서 2시간 이내다. 각 공항에서 베를린까지 비행시간은 프랑크푸르트 1시간 10분, 뮌헨 1시간 5분, 빈 1시간 15분, 암스테르담 1시간 20분, 파리 1시간 40분 등이다.
테겔 국제공항 홈페이지 www.berlin-airport.de
브란덴부르크 공항 홈페이지(영어사이트) www.berlin-airport.de

열차 유럽의 주요 도시에서 열차편으로 베를린 중앙역까지 닿는다.
각 도시의 주요 역에서 베를린 중앙역까지 소요되는 열차 시간은 다음과 같다.
프랑크푸르트 중앙역 : 약 4시간~4시간 50분 소요
뮌헨 중앙역 : 약 4시간 30분 소요
프라하 중앙역 : 하루 6편, 4시간 10분 소요
암스테르담 중앙역 : 하루 6편, 약 6시간 20분 소요

공항에서 시내로 들어가기 테겔 국제공항에서 시내까지는 중앙역까지 가는 TXL버스를 비롯하여, X9, 128, 109 버스 및 U-Bahn과 S-Bahn으로 이동이 가능하다. 테겔 공항에서 버스 타는 곳은 터미널 B앞에 있다. 물론 택시도 많다.

포츠담
베를린 중앙역(Berlin Hauptbahnhof)에서 열차 혹은 S-Bahn으로 포츠담 중앙역(Potsdam Hauptbahnhof)까지 쉽게 이동할 수 있다. 편수는 많다. 열차는 25분, S-Bahn은 35분 정도 소요된다. 버스도 있다. 베를린 시내 버스권이나 교통 카드도 사용할 수 있다.

운터 덴 린덴 지역 - 한나절 투어 제1코스

브란덴부르크 문 → 유대인 희생자 추모비 → 동성애 희생자 추모비 → 신티와 로마 추모비 → 96명 의원 추모비 → 연방의회 의사당(라이히슈타크) → 하얀 십자가 → 파울 뢰베 하우스 → 마리 엘리자베트 뤼더스 하우스 → 야콥 카이저 하우스 → 파리 광장 → 브란덴부르크 문 박물관 → DZ 은행(악시카) → 베를린 예술 아카데미 → 아들론 호텔 → 운터 덴 린덴 → 러시아 대사관 → 카페 아인슈타인 → 코미셰 오퍼 → 운터 덴 린덴 → 프리드리히 대왕 기마상 → 베를린 주립 도서관 → 훔볼트 대학교 → 노이에 바헤 → 막심 고리키 극장 → 독일 역사 박물관 → 베벨 광장 → 베를린 국립 오페라극장(슈타츠오퍼) → 도이체 방크 쿤스트할레 → 훔볼트 대학 도서관 → 분서 사건 기념비 → 성 헤드비히 대성당 → 호텔 드 롬 → 프리드리히스베르더 교회 → 쉰켈 파빌리온 → 피에르 불레즈 잘 → 슐로스 다리 → 박물관 섬

박물관 섬 지역 - 한나절 투어 제2코스

제임스 지몬 갤러리 → 고고학 산책로 → 페르가몬 박물관 → 페르가몬 파노라마 → 알테스 무제움(구 박물관) → 노이에스 무제움(신 박물관) → 알테 나치오날 갈레리(구 국립 미술관) → 보데 박물관 → 베를린 돔 → 훔볼트 포룸(구 베를린 궁전) → 리브크네흐트 다리

알렉산더 광장 코스 - 한나절 투어

제3코스

마르크스 엥겔스 포룸 → DDR 박물관 → 발터 쾨니히 서점 → 알렉산더 광장 → 하케셰 회페 → 하우스 슈바르첸베르크 → 아우구스트 슈트라세 및 리니엔 슈트라세 지역 → 폭스뷔네(인민 극장) → 페른세투름(TV 송신탑) → 성모 교회 → 루터 동상 → 붉은 시청 (이후로 다음의 세 가지 코스로 나누어질 수 있음)

[니콜라이 지구 방면] 붉은 시청 → 니콜라이 지구 → 니콜라이 교회 → 칠레 미술관 → 에프라임 궁전 → 구 시청 → 이스트사이드 갤러리

[카를 카르크스 알레 방면] 붉은 시청 혹은 니콜라이 지구 → 카를 마르크스 알레 → 카를 마르크스 서점 → 카페 지빌레

[케테 콜비츠 광장 방면] 페른세투름 → 프렌츨라우어 알레 → 콜비츠 광장 → 카페 안나 블루메 → 세인트 조지 영어 책방 → 뵈즈너 → 에른스트 탤만 광장

장벽 공원 코스 - 반나절 투어

제4코스

베를린 장벽 공원 → 화해의 교회 터 → 화해의 예배당 → 조각상 「화해」 → 베를린 장벽 기념관 → 문화 양조장 → 보난자 → 오첼로트 → 프라터 가르텐 → 도로텐슈타트 묘지 → 인발리덴 묘지 → 함부르크역 미술관 → 베를린 중앙역 → 콘디토라이 부흐발트

프리드리히 슈트라세 남쪽 방면 - 한나절 투어

제5코스

운터 덴 린덴과 프리드리히 슈트라세 교차점 → 프리드리히 슈트라세 남쪽 방면 → 콰르티어 207(갤러리 라파예트) → 콰르티어 206 → 콰르티어 205 → 젠

다르멘 마르크트 → 실러 기념비 → 콘체르트하우스 → 프랑스 돔 → 독일 돔 → 한스 아이슬러 음악대학 → 파스벤더 운트 라우슈 → 리젠트 호텔 → 멘델스존 하우스 → 페터 페히터 추모비 → 찰리 검문소 박물관 → 트라비 박물관 → 공포의 지형학 박물관 → 마르틴 그로피우스 바우 → 찰리 검문소 → 유대인 박물관 → 베를리니셰 갈레리 → 프란츠 퀸스틀러 슈트라세 → 베르크하우스 → 저스트 뮤직 → 모둘러

프리드리히 슈트라세 북쪽 방면 - 반나절 투어

제6코스

운터 덴 린덴과 프리드리히 슈트라세 교차점 → 프리드리히 슈트라세 북쪽 방면 → 두스만 → 트래넨팔라스트 → 프리드리히 슈트라세역 → 바이덴다머 다리 → 베르톨트 브레히트 광장 → 브레히트 기념비 → 베를린 앙상블 → 도이체 극장 → 프리드리히슈타트 팔라스트 → 보로스 미술관

포츠담 광장 및 쿨투르포룸 지역 - 한나절 투어

제7코스

(라이프치히 광장 → 달리 미술관 → 독일 스파이 박물관 → 포츠담역) 포츠담 광장 → 소니 센터 등 포츠담 광장의 여러 건물들 → 베를린 영화 박물관 → 다임러 현대미술관 → 하우스 후트 → 쿨투르포룸 → 악기 박물관 → 필하모니 → 신 국립 미술관 → 성 마테우스 교회 → 국립 회화관 → 동판화 박물관 → 장식미술 박물관 → 미술 도서관 → 독일 저항 기념관 → 주립 도서관

쿠담 지역 - 한나절 투어

제8코스

카이저 빌헬름 기념 교회 → 쿠담 거리 → 카페 라인하르츠 → 파자넨 슈트라세 → 문학의 집(리테라투어 하우스) → 케테 콜비츠 미술관 → 초콜라티어 에리히 하만 → 쿠담 거리 → 사비니 광장과 그 일대 → 칸트 슈트라세 → C/O 베를린(아메리카 하우스) → 사진 박물관(헬무트 뉴튼 재단) → 동물원역 → (사자 문으로 입장 → 동물원 → 코끼리 문으로 나옴) → 타우엔치엔 슈트라세(조각 대로) → 카데베 → 카페 아인슈타인 → 로자 룩셈부르크 다리 및 기념비

샤를로텐부르크 지역 - 한나절 투어

제9코스

도이체 오페라극장 → 로가츠키 → 샤를로텐부르크 빌머스도르프 미술관(빌라 오펜하임) → 브로트가르텐 → 샤를로텐부르크 궁전 → 베르그루엔 미술관 → 브뢰안 미술관 → 샤르프 게르스텐베르크 미술관 → 게오르크 콜베 미술관 → 올림피아파크(올림픽 공원) → 발트뷔네 (이후 일정이 되면 브뤼케 미술관으로)

포츠담 지역 - 한나절 투어

제10코스

상수시 궁전 (상수시 궁전 → 상수시 정원 → 샤를로텐호프 궁전 → 신 궁전) → (버스) → 브란덴부르크 문 → 브란덴부르크 슈트라세 → 카르슈타트(슈타트팔레) → 성 페터와 파울 교회 → 네덜란드 구역 → 얀 보우만 하우스 → 포츠담 도시 궁전 → 포츠담 영화 박물관 → 성 니콜라이 교회 → 플럭서스 플러스 미술관 → (버스) → 체칠리엔호프 궁전

풍월당 문화 예술 여행 05

베를린

초판 1쇄 펴냄 2019년 12월 27일
초판 3쇄 펴냄 2024년 9월 5일

지은이 박종호

펴낸곳 풍월당
06018 서울시 강남구 도산대로 53길 39, 4층
전화 02-512-1466 팩스 02-540-2208
www.pungwoldang.kr
출판등록일 2017년 2월 28일
등록번호 제2017-000089호

ISBN 979-11-89346-10-2 14980
ISBN 979-11-960522-4-9 14980 (세트)

이 책은 아리따 글꼴을 사용하여 디자인되었습니다.